ARM 官方开发工具丛书

ARM DS-5 实战开发从入门到精通

刘照华　Paul Black　蒙国造　编著

U0385436

中国水利水电出版社
www.waterpub.com.cn

内 容 提 要

ARM DS-5 是 ARM 官方推出的软件调试集成开发环境。本书详细介绍了 DS-5 的使用和结合硬件 DSTREAM 完成嵌入式系统的调试，从最基本的安装、使用到调试和跟踪功能，再到更高级的 CoreSight 系统设计和芯片启动，由浅入深、理论结合 ARM 开发板实例，很好地阐述了 DS-5 的功能和使用。

本书主要由 ARM 内部员工编写，融入了客户现场支持时的常见问题和解决方案，并提供了基于 ARM 开发板的实战案例，一步步地引导开发者，帮助开发者发现和解决问题。

本书适用于所有 ARM 开发者，即使是以前从未接触过 DS-5 的开发者也能很快掌握它的使用，而已经有 DS-5 使用经验的开发者则可在本书中获取到更多更高级的使用技巧，提高实际操作和解决问题的能力。

图书在版编目（ＣＩＰ）数据

ARM DS-5实战开发从入门到精通 / 刘照华，Paul Black，蒙国造编著. -- 北京 : 中国水利水电出版社，2015.10
　（ARM官方开发工具丛书）
　ISBN 978-7-5170-3700-2

Ⅰ. ①A… Ⅱ. ①刘… ②P… ③蒙… Ⅲ. ①微处理器—程序设计 Ⅳ. ①TP332

中国版本图书馆CIP数据核字(2015)第239161号

策划编辑：杨庆川　　责任编辑：张玉玲　　封面设计：李　佳

书　　名	ARM 官方开发工具丛书 ARM DS-5 实战开发从入门到精通
作　　者	刘照华　Paul Black　蒙国造　编著
出版发行	中国水利水电出版社 （北京市海淀区玉渊潭南路 1 号 D 座　100038） 网址：www.waterpub.com.cn E-mail: mchannel@263.net（万水） 　　　　sales@waterpub.com.cn 电话：（010）68367658（发行部）、82562819（万水）
经　　售	北京科水图书销售中心（零售） 电话：（010）88383994、63202643、68545874 全国各地新华书店和相关出版物销售网点
排　　版	北京万水电子信息有限公司
印　　刷	北京泽宇印刷有限公司
规　　格	185mm×240mm　16 开本　12.25 印张　254 千字
版　　次	2015 年 10 月第 1 版　2015 年 10 月第 1 次印刷
印　　数	0001—4000 册
定　　价	38.00 元

序

  遥想十几年前，开发 ARM 的人都知道并会用一套经典的工具——ADS，那时的开发是简单的，大家交互起来也顺利得多，当然也不像今天有这么多人使用 ARM 的处理器。自从 ARM 放弃了 ADS 品牌，转而开发新的工具套件，工程师能用的调试工具突然多了起来。我们经常能在书店看到十几种的工具书籍，进而带来的问题是我们的学习过程复杂了，开发经验不容易复用，选取一个好工具也变得雾里看花一般。

  究其原因，ARM 处理器以及大家用它设计的系统指数级地复杂化，调试验证的要求和难度上升到了前所未有的高度，我们需要在简单易用和功能强大间追求一个平衡。乍一看这两者是矛盾的，但这恰恰是我们今天所有电子设计的根本目的。作为处理器设计厂家，有相当的进阶级功能只有在 ARM 自己的工具中才得到支持。这很好理解，其他的工具厂家难以了解深入的处理器设计，既然不能把功能做到极致，那么就追求简单吧。这就造成了这么多年来 ARM 工具和其他工具在功能和体验上的明显差别。我们能说得清楚哪一种更好吗？

  我们的困惑在于 ARM 一直没有一本关于自己工具的权威书籍问世，以帮助广大用户提高学习和使用效率。这样的混沌状态终于有了改变。ARM 公司重新梳理自己的工具理念，用 DS 系列工具代替了并不成功的 RVDS 系列，在保持功能强大的前提下，尽可能地增强自动识别和配置，达到简单易用的目的。同时，本书的出现也使我们倍感欣慰。这是一本学习的教材，这是一本用户手册，这是一种经验分享，这也是传教布道的经文。

  愿亲爱的读者们能通过本书获取想要的知识技能，把自己的创新用于九天九地，也衷心感谢本书的作者们。

2015 年 9 月

II
前　言

　　ARM DS-5 推向市场已经有些年头了，这是一款功能强大、基于 ARM 处理器的嵌入式开发工具，可以帮助开发人员完成从代码管理和编译、底层的 bootloader 和驱动代码的调试到 Linux/Android 上层应用程序的调试和整个系统性能优化等一系列工作。

　　将 DS-5 的使用编写成书，既属偶然，又有其必然。因为在我对客户进行现场技术支持时，发现还有不少朋友对 DS-5 的使用和其功能特色比较陌生，这促使我去将 DS-5 的使用整理成文档，加上市场上介绍 DS-5 的书籍非常少，并且 ARM 内部还没有出过类似的书籍，于是我开始按照写书的要求编写相关的材料。

　　本书的内容材料大部分来源于 ARM 官方发布的英文文档，同时加入了现场支持时的经验总结、碰到的问题及其解决方案，真正做到理论和实践相配合。

　　本书全面介绍了 DS-5 的功能和使用，特别适合从事底层驱动、Linux 和 Android 嵌入式开发的人员。全书共 11 章，分为以下 4 个部分：

　　（1）第 1～4 章是 DS-5 的使用入门篇，系统介绍了 DS-5 的基本功能和硬件 JTAG 调试器 DSTREAM 的安装和使用，介绍了在 Windows 和 Linux 环境下许可证的申请和管理，最后给出一个 DS-5 的快速使用实例。

　　（2）第 5～7 章是 DS-5 的使用进阶篇，进一步阐述了 DS-5 使用方法，分别介绍如何完成对裸机系统、Linux 内核和驱动程序、Linux/Android 应用程序的调试和跟踪，重点介绍如何控制程序的运行和调试嵌入式系统，基本覆盖开发过程中常见的调试问题和技术手段，因此希望开发者能理解和掌握这部分内容，在使用 DS-5 调试的过程中随时查阅。

　　（3）第 8 章和第 9 章是 DS-5 的高级篇，详细介绍了 ARM CoreSight 调试系统，包括 CoreSight 系统中各个组件的功能和典型的 CoreSight 系统设计，介绍了 DS-5 自带的 PCE 工具（平台配置编辑器）和探测 CoreSight 系统，并生成适合 DS-5 调试使用的数据库，对数据库中的主要文件进行了详细阐述。

（4）第 10 章和第 11 章是实战篇，将前面各章介绍的技术在实际的 ARM 开发板上进行实战演练，内容包括 U-Boot、Linux 内核和设备驱动、Linux 应用程序的调试、Streamline 的使用方法、对整个系统的性能剖析和 DS-5 使用过程中常见的问题及解决办法。

在本书编写过程中，单位的领导和同事们给予我恒久的关心、鼓励和支持；Paul Black 给予我深层次的培训；深圳米尔科技有限公司鼎力相助，完成第 10 章和第 11 章的写作；我的妻子和女儿给予我鼓励和支持，在此一并表示感谢。

由于编写时间紧迫，加之作者水平有限，书中难免有疏漏和错误之处，敬请广大读者评批指正。

刘照华于 ARM 上海
2015 年 9 月

III

目 录

序

前言

第1章

DS-5 概述

DS-5 是 ARM 官方推出的基于 Eclipse 的调试工具，可以用来调试所有 ARM 处理器，包括 Cortex-A、Cortex-R 和 Cortex-M 系列，以及更早期的 ARM9 和 ARM11 等处理器。它是和 ARM CPU 的专家们一起开发的，所以它比市场上其他的调试器能更早、更好地支持 ARM 处理器。

1.1　DS-5 介绍

DS-5 的功能非常强大，除了常见的最基本的 JTAG 调试功能外，如设置断点、控制 CPU 运行和停止、单步调试等，还含有很多特色功能，如可以无缝地运行 ARM 的 Fast-Model；在不打断 CPU 执行的条件下获取 CPU 执行的指令和数据信息；用来分析系统软硬件性能的 Streamline；芯片的验证和启动等。下面是 DS-5 的一些常见功能。

- 加载调试的代码镜像和符号表。
- 运行代码镜像。
- 设置断点和观察点。
- 代码和指令的单步调试。
- 变量、寄存器和内存的访问。
- 程序调用、运行的栈信息。
- 支持异常的处理和 Linux 系统的异常信号。
- 支持调试 Linux 的多线程应用。

- 支持调试 Linux 内核和驱动模块，启动代码和内核的移植。
- 支持裸操作系统的对称多处理器的调试。
- 支持像 gdb 风格的命令行输入。

1.2 DS-5 debugger 调试器

DS-5 是一个基于 Eclipse 的图形化界面，如图 1-1 所示。DS-5 调试器完全支持所有的 ARM 处理器、ARM 开发板和 ARM 虚拟平台 Fast-Model 的连接和调试。全面的图形化界面和直观的视图窗口可以方便地调试 Linux、Android 和裸机程序，包括单步调试和软/硬件断点的设置，反汇编代码和源程序的同步，堆栈的调用管理，CPU 寄存器、内存、变量和线程的显示和操作。

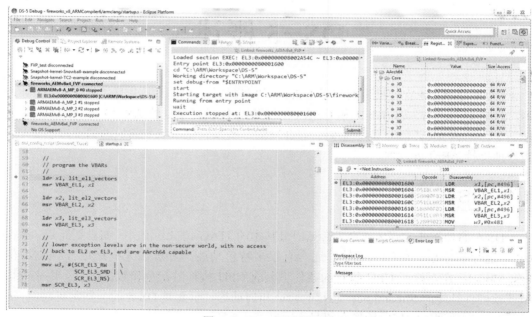

图 1-1 DS-5 调试器视图

DS-5 还可以实现项目的管理和调试，在 DS-5 的软件管理窗口中可以方便地进行代码的查看、查找和编辑工作，在调试管理窗口中进行程序的单步调试或运行到断点，在其他窗口中可以观察程序指令执行的最新信息。

除了视觉窗口外，DS-5 还提供了一个 gdb 风格的命令行，可以在这个命令行中直接输入命令来控制整个系统的运行。

1.3 DS-5 虚拟平台 FVP

FVP 是 ARM 开发的一种虚拟平台，可以在没有实际硬件的情况下进行软件的开发、验证和调试。这使得软件开发人员可以更早地介入到项目的开发中，加快整个项目的开发速度，缩短产品的上市周期。比如 ARM 最近几年推出了 Aarch64 位架构，以前的软件和应用程序都是 32 位的，有可能市场上 64 位的 ARM CPU 或者基于 ARM 64 位 CPU 的开发板还没有出来，这时软件开发人员可以使用 ARM 的 FVP 虚拟平台进行先期的软件移植和验证工作，等有了实际硬件平台后，再在硬件平台上运行和进行性能调试，就显得非常方便了。该模型与真实的硬件有一定的差别，比如不能提供精确时序的仿真、底层硬件的交互和实际外设的访问或操作。

DS-5 安装好后，在 DS-5 安装路径的 example 目录下可以找到 ARM 提供的虚拟平台应用实例，目前提供例子的有 ARMv8 架构（即 ARM 的 64 位架构）和 ARMv7 的 32 位架构虚拟平台，包括 Cortex-A9、Cortex-A7、Cortex-A15 等。

1.4 DS-5 的编译器

最新的 DS-5 软件版本一旦安装好后就包含了 3 个编译器：ARM 编译器 5.0、ARM 编译器 6.0 和 GNU 的 gcc 编译器，所有这些编译器都可以在安装目录的 DS-5/sw 下找到。

1.4.1 ARM 编译器 5.0

ARM 编译器 5.0 也就是我们以前常说的 armcc，ARM 在这个编译器上的开发已经有几十年的历史，在市场上的应用非常广泛和稳定，主要适用于 ARM 原来 32 位架构的处理器，用来编译裸机嵌入式系统的程序、固件或库，包括的编译工具和功能如下：

（1）armar：库管理工具，能将多个 ELF 格式的目标文件集中到一起，并存入归档文件或库中维护。用这样的归档文件或库，可替代多个 ELF 文件传递给链接程序，还可以提供给第三方开发应用程序。

（2）armasm：汇编工具，汇编 ARM 和 Thumb 汇编语言程序。

（3）armcc：编译工具，编译 C/C++代码，支持 inline 和嵌入汇编，还支持 NEON 向量编译程序。

（4）armlink：链接工具，将一个或多个目标文件合并成一个或多个目标，生成一个可执行程序文件。

（5）fromelf：Image 镜像转换工具，也能对输入的镜像文件产生文本信息，如反汇编、代码和数据区的大小。

1.4.2　ARM 编译器 6.0

ARM 编译器 6.0 是基于现代开源编译器架构 LLVM/Clang 设计的,它汲取了 LLVM 里面的精华部分,同时 ARM 加上了为之优化过的很多库,最终在代码密度和性能之间取得了很好的平衡。它的语法格式跟之前的编译器 5.0 是不一样的,更符合 GNU 的语法规范。目前主要适用于 ARM 最新的 64 位架构的处理器也是用来编译裸机嵌入式系统的程序、固件或库,它同样包含 armar、armlink、fromelf 等编译工具,和表 1-1 中介绍的功能是一样的,不同的是编译器 6.0 下的这些编译工具可同时支持 ARM 的 32 位和 64 位架构,但只能编译成 32 位的应用。

特别要指出 armasm 这个编译工具,它主要是用来支持原来编译器 5.0 中的汇编语法格式,方便把之前 32 位 ARM 的汇编代码快速地在 64 位架构下编译运行。如果项目需要重新写汇编程序,则建议直接按照编译器 6.0 的语法格式来写,然后用 armclang 进行编译。

Armclang 可以用来编译 C/C++代码,同时因为它还内嵌了一个汇编器,所以也可以用来编译符合 GNU 语法的汇编程序。如果是之前的汇编程序,则要用 armasm。这里简单的举个例子来说明下 armclang 的使用方法:

比如编译 C 代码:

armclang -c -O1 -o hello_world.o -xc -std=c90 -g hello_world.c

选项说明如下:

-c: 告诉编译器只编译,不链接。

-O1: 告诉编译器使用的优化选项。

-xc: 告诉编译器编译的源代码是 C。

-std=c90: 告诉编译器 C 代码是符合 C90 规范的。

-g: 告诉编译器添加调试信息。

-o: 输出的目标文件名。

详细的使用方法请参照 ARM 的官方文档和 LLVM 官网http://www.llvm.org。

1.4.3　GNU 编译器

DS-5 的发行版本中还包含了一个开源的 GNU GCC 编译工具,主要用来编译 Linux 内核、Linux 驱动程序、上层应用和 Android。

这些编译工具可以在安装目录的 DS-5/sw/gcc/bin 下找到,也可以通过 Linaro 这个网站直接免费下载。这些编译工具在 DS-5 的发行版中有 Linux 版本,也有 Windows 版本,具体由下载的 DS-5 是 Windows 版本还是 Linux 版本决定,主要工具如表 1-1 所示,可以在命令行或 DS-5 Eclipse 下使用这些工具来编译程序。

表 1-1　GNU 编译工具

工具	描述
arm-linux-gnueabihf-ar	GNU 库管理工具
arm-linux-gnueabihf-as	GNU 汇编器
arm-linux-gnueabihf-gcc	GNU C 编译器
arm-linux-gnueabihf-g++	GNU C++编译器
arm-linux-gnueabihf-ld	GNU 链接器

详细使用文档可参照 DS-5 安装路径下的 documents/gcc。

1.5　DS-5 Streamline

Streamline 是 DS-5 中的一个图形化性能分析工具。它集成内核驱动程序、目标守护进程和一个基于 Eclipse 的界面，能将抽样采集到的数据转换成报告格式，以可视化和统计表格的形式显示，方便用户发现系统的资源利用状况和系统的瓶颈，是一个很好的性能分析和优化工具。Streamline 使用内核级的硬件性能计数器以提供系统资源的精确表示，除了可以显示 CPU 和 Cache 命中率、分支跳转指令数等相关资源信息外，还可以显示分析 Mali GPU 的信息，如图 1-2 所示。

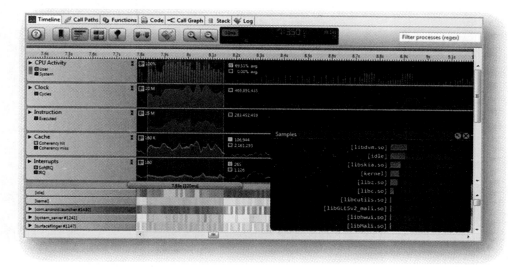

图 1-2　DS-5 的图形化性能分析工具

1.6　DS-5 硬件调试器 DSTREAM

　　DSTREAM 是 ARM 官方开发的一款硬件调试工具，可以在基于 ARM 设计的 CPU 上完成调试和跟踪任务，允许调试软件通过 JTAG 或串行调试 SWD 硬件接口接到基于 ARM CPU 设计的开发板上进行调试，也可以在不打断 CPU 执行的情况下获取指令和数据信息进行调试分析和代码优化。

　　DSTREAM（如图 1-3 所示）这个硬件调试器主要包含：

- DSTREAM 硬件调试单元。
- DSTREAM 硬件调试分析接口。
- 电源、USB 和以太网接口。

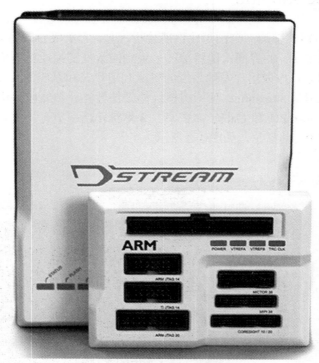

图 1-3　硬件调试器 DSTREAM

　　ARM 还为 DSTREAM 这个硬件调试器提供了一系列硬件配置工具，使用户可以配置和升级 DSTREAM，包括：

- Debug Hardware Config IP：用于配置 DSTREAM 的 IP 地址。
- Debug Hardware Update：用于更新 DSTREAM 的固件。

- **Debug Hardware Configuration**：用于探测和配置目标硬件调试单元，获取相应的硬件配置信息并生成文件，以便导入 DS-5 生成此设备的配置数据库。但这个工具目前已被 DS-5 中集成的平台配置编辑器（Platform Configuration Editor，PCE）所取代，我们会在后续章节中详细介绍 PCE 的使用。

1.7　DS-5 的版本管理

DS-5 目前有 3 种版本：社区版、专业版和旗舰版，表 1-2 列出了这 3 个版本之间的详细区别，可根据实际项目情况选择相应的版本。

表 1-2　DS-5 的版本比较

	社区版	专业版	旗舰版
编译器			
ARM 编译器 5.0		√	√
ARM 编译器 6.0		支持 ARMv7-A	√
调试		最高支持 ARMv7	最高支持 ARMv8
裸板、RTOS-aware 调试		√	√
ETM、PTM、ITM、STM 信息跟踪		√	√
Linux、Android 本地库和应用程序	√	√	√
Linux 应用程序的 Rewind 调试		√	最高支持 ARMv7
系统系能分析		最高支持 ARMv7	最高支持 ARMv8
性能图表显示	受限	√	√
函数剖析功能	√	√	√
剖析和多核视觉显示		√	√
功耗数据		√	√
Cortex-M DWT/ITM 数据收集		√	√
虚拟平台			
Cortex-A9MP4 FVP		√	√
AEM ARMv8-A VE MP4 FVP			√

第 2 章

DS-5 的安装和启动

本章主要介绍 DS-5 的安装需求、安装步骤和如何在 Windows 或 Linux 环境下启动 DS-5。

2.1 主机系统需求

要安装和使用 DS-5，需要一台最低配置为双核 2GHz 处理器（或同等配置）和 2GB 内存的计算机。建议 4GB 或更高的内存，以提高调试大镜像文件或使用仿真模型时的性能。整个 DS-5 安装大概需要 3GB 的硬盘空间，屏幕的最低分辨率为 1024×768。

DS-5 支持以下 32 位和 64 位版本的系统平台和服务包：

- Windows 7 Professional Service Pack 1
- Windows 7 Enterprise Service Pack 1
- Windows XP Professional Service Pack 3（32-bit only）（不建议使用，微软已宣布不再维护，所以以后版本将不再支持）
- Windows Server 2012（ARM Compiler 5 and 6 toolchains only）
- Windows Server 2008 R2（ARM Compiler 5 toolchain only）
- Red Hat Enterprise Linux 5 Desktop with Workstation option
- Red Hat Enterprise Linux 6 Workstation

- Ubuntu Desktop Edition 14.04 LTS（64-bit only）
- Ubuntu Desktop Edition 12.04 LTS

DS-5 旗舰版（Ultimate Edition）包括 ARM 编译器 6.0，只支持 64 位的操作系统。

2.2　DS-5 调试系统需求

Android 和 Linux 应用程序的调试需要在目标调试板上运行 gdbserver。根据调试时选择的连接类型，DS-5 调试器可以自动把 gdbserver 调试器加载到目标板上，否则需要自己手动拷贝。建议使用 gdbserver 7.0 或更高的版本。DS-5 安装路径下的<DS-5 install dir>/arm 有一个已经编译好可在 Android 和 Linux 系统中运行的 gdbserver。对于 gdbserver 6.8 以前的版本，DS-5 不能提供可靠的多线程调试。

Linux 应用程序的 rewind 调试功能需要在目标板上运行 undodb-server。可在 DS-5 调试时通过配置连接类型来让 DS-5 自动加载 undodb-serer 到目标板上，或者自己手动拷贝过去。DS-5 安装路径下的<DS-5 install dir>/arm/undodb/linux 有一个已经编译好可执行的 undodb-server。采用 undodb-server 调试应用程序，不支持调试 fork 的进程，可以查看但不能修改寄存器和内存的值。

DS-5 支持 Android 和 Linux 的调试，对内核的版本也有一些要求，如下：

- 支持在 Android 2.2、2.3.x、3.x.x 和 4.x 上生成的 NDK 本地库。
- 支持调试 ARM Linux 内核 2.6.28 或更高的版本。
- Streamline 性能分析器支持 ARM Linux 3.x 或更高的版本。
- 对称多处理器（SMP）系统上的程序调试需要 ARM Linux 内核 2.6.36 或更高的版本。
- 访问 VFP、NEON 寄存器需要 ARM Linux 内核 2.6.30 或更高的版本。

ARM Linux 内核和裸机系统的调试，除了 DS-5 外，还需要一个额外的用来实现物理连接目标板的硬件调试器——DSTREAM 或 ULINKPro D。VSTREAM 可实现连接 RTL 仿真或硬件模拟。ARMv8 架构处理器的裸机调试只支持 DSTREAM、VSTREAM 和 DS-5 的旗舰版。

2.3　DS-5 的安装

DS-5 的安装包在光盘中，也可以从http://ds.arm.com/网站上下载。

2.3.1　DS-5 的 Linux 安装

在 Linux 下安装 DS-5，建议在安装前把之前的 DS-5 删除掉，然后直接运行 install.sh（注意是直接运行，不是 source install.sh），按照屏幕上的提示步骤一步步执行。它会把

DS-5 解压到你选择的安装目录下，也可以选择性地安装驱动和创建快捷键。

DS-5 中有些工具在 64 位系统下还依赖于 32 位的库，所以需要确保 64 位的 Linux 主机系统安装了 32 位库的兼容包，否则 DS-5 可能不能运行或运行后报错。可通过 http://infocenter.arm.com/help/topic/com.arm.doc.faqs/ka14522.html这个链接查看到依赖性的更多信息。

安装包中还包含了 DSTREAM、ULINKPro D 等硬件调试适配器的 USB 驱动，如有需要建议一起安装，安装这些 USB 驱动需要使用 root 权限去执行 install.sh。如果没有在安装 DS-5 时安装 USB 驱动，也可以在之后使用 root 权限去执行 DS-5 安装目录下的 run_post_install_for_ARM_DS-5.sh 脚本。

2.3.2 DS-5 的 Windows 安装

在 Windows 下安装 DS-5，解压后直接执行 setup.exe，然后按照提示一步步完成安装。如果主机上已经安装了早期版本的 DS-5，把新版本安装在原来 DS-5 的目录上，则相当于把之前的版本升级了。

同样，DS-5 也提供了 Windows 下的 DSTREAM、ULINKPro D 等硬件调试适配器的 USB 驱动，建议采用管理员权限进行安装。

2.4 DS-5 的启动

启动 DS-5 Eclipse，分以下两种情况：

（1）在 Windows 下，选择"开始"→"所有程序"→ARM DS-5→Eclipse for DS-5。

（2）在 Linux 下，如果在安装时创建了快捷键，可直接在 Application 窗口中选择 Eclipse for DS-5；如果没有创建快捷键，则启动步骤如下：

1）把 DS-5 安装路径<DS-5 install_directory>/bin 添加到 PATH 这个环境变量中；如果已设置，则跳过这步。

2）启动 bash shell。

3）在 shell 中输入 eclipse。

DS-5 的 Eclipse 界面首次启动时，需要设置用于保存工程的工作空间 Workspace，可在弹出的对话框中选择相应的目录作为工作空间或直接单击 OK 按钮选择默认设置的路径为工作空间目录，如图 2-1 所示。

设置完工作空间后，将会看到一个 ARM DS-5 的欢迎界面，它包含了 Eclipse 开发环境的主界面和其他页面或试图的帮助链接，如图 2-2 所示。

此时单击欢迎界面 Welcome to DS-5 标签的关闭按钮或者在欢迎界面中单击 Go to the workbench 链接均可进入 Eclipse 开发环境的主界面，通过主界面中的 Help→Welcome to DS-5 菜单命令可随时返回欢迎界面。

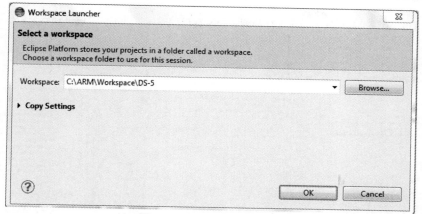

图 2-1　DS-5 工作空间设置

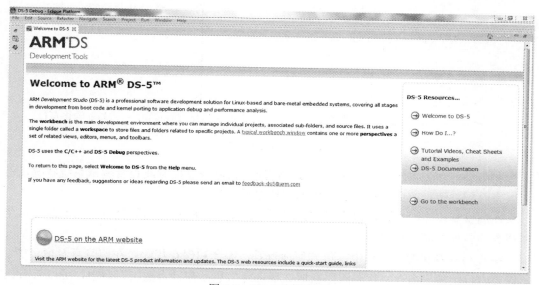

图 2-2　DS-5 欢迎界面

2.5　DS-5 工作台窗口简介

　　进入 Eclipse 主界面后，其工作台通常由一个或多个视图窗口组合而成，如图 2-3 所示。

　　在调试工具栏窗口中，可控制 ARM 处理器的连接和断开、运行和停止、单步调试等各种功能。

DS-5 界面窗口　调试工具栏窗口　命令行和脚本控制窗口　　　　　　　调试观察窗口

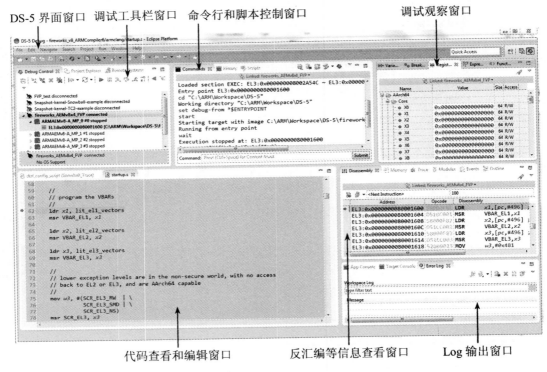

代码查看和编辑窗口　　　反汇编等信息查看窗口　　Log 输出窗口

图 2-3　S-5 工作台窗口

　　在命令行和脚本控制窗口中，可以方便地输入命令以控制或查看调试系统状况，还可以查看历史运行的命令行，添加脚本来控制系统运行。

　　在调试观察窗口中，可以查看调试时系统的变量、断点、函数调用、处理器寄存器和缓存等各种资源的信息。

　　在代码查看和编辑窗口中，可方便地查看、编译和保存代码；在信息查看窗口中，可以查看反汇编、内存、代码跟踪获取、事件等信息；在日志输出窗口中，可以查看日志 Log 的输出、系统运行时出现的错误等信息。

　　各种窗口可随时单击其对应标签栏上的关闭按钮进行关闭，如果在 Eclipse 的主窗口中没有显示，可通过主界面中的 Window→Show View 菜单命令打开相应的窗口。

DS-5 许可证管理和使用

DS-5 的许可证（License）管理采用 Flexera 公司开发的 FlexNet 软件，这也意味着在使用 DS-5 之前必须先要安装好一个有效的许可证文件。

ARM 目前为 DS-5 提供的许可证类型主要有：

- 临时免费试用版
- 单机锁定版
- 网络版

一般来说，试用版跟单机锁定版功能上是一样的，不同的是试用版只有 30 天的有效期。如果购买了单机锁定版，想切换到网络版或者由网络版切换到单机版，请联系 ARM 的 License 团队，由 ARM 帮忙解决。

单机锁定版主要是通过计算机的主机 ID 和 MAC 地址把许可证和这台特定的计算机绑定，只能在这台计算机上使用。

网络版主要是方便多个开发人员在不同时间使用许可证，这样可以使许可证的数量少于开发人员的数量，节约成本。它的安装由服务器和客户端两部分组成。

服务器：含有 DS-5 的许可证文件，同时还需要安装网络版许可证的软件管理工具。

客户端：安装了 ARM 开发工具软件的计算机通过网络访问服务器端的许可证。客户端的计算机数量可多于实际购买的许可证数量。如果同一时间访问服务器端许可证的客户端多于许可证数量，这时就需要等待有人退出或者因等待超时而报错。

3.1 DS-5 许可证的申请

下面介绍如何申请许可证，包括临时许可证的申请。一般来说，申请许可证需要一个主机 ID 和 MAC 地址，然后通过 DS-5 的许可证管理界面进行申请。

（1）安装好 DS-5，打开基于 Eclipse 的 DS-5 软件。

（2）在 DS-5 的主界面中单击 Help→ARM License Manager 命令，弹出如图 3-1 所示的界面。

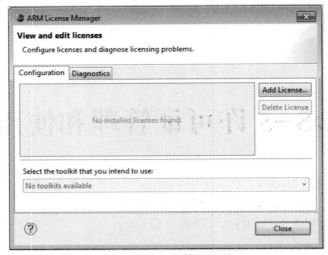

图 3-1　许可证管理界面

（3）单击 Add License 按钮，打开如图 3-2 所示的窗口。

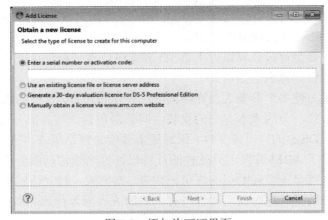

图 3-2　添加许可证界面

（4）如果是申请临时的免费试用许可证，则选择 Generate a 30-day evaluation license for DS-5 Professional Edition 单选项；如果是申请正常的许可证，则选择 Manually obtain a license via www.arm.com website 单选项，然后单击 Next 按钮，这时会出现一个显示主机 ID 的界面，如图 3-3 所示。

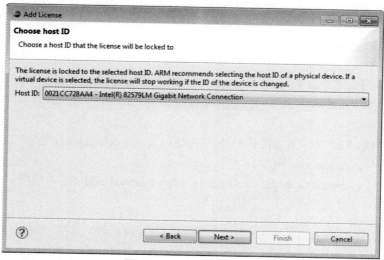

图 3-3　主机 ID 显示界面

（5）选择你要锁定的主机 ID，单击 Next 按钮，这时会出现一个通过www.arm.com 官网添加许可证的界面，如图 3-4 所示。

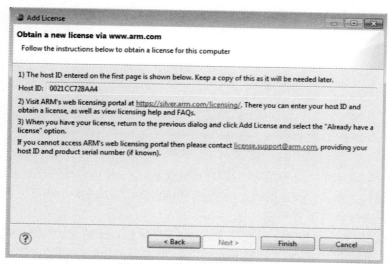

图 3-4　申请一个新的许可证

（6）单击图 3-4 中的第二步网址链接，进入 ARM 官方网站。

（7）登录官网，如果没有账号，则需要先注册。

（8）登录后单击 Generate，按照网站上的指导步骤完成在线申请。

（9）单击 Finish 按钮退出 ARM License Manager 界面。

申请完成后会得到一个许可证的文件，把它保存到本地计算机中。

3.2 单机锁定版许可证的安装

获得了许可证之后，可以使用 DS-5 中自带的许可证管理器来进行安装，安装完后就可以正常地使用 DS-5 了。具体安装步骤如下：

（1）打开 DS-5 软件。

（2）在 DS-5 的主界面中选择 Help→ARM License Manager 命令。

（3）单击 Add License 按钮。

（4）选择 Use an existing license file or license server address 单选项，单击 Next 按钮，进入如图 3-5 所示的界面。

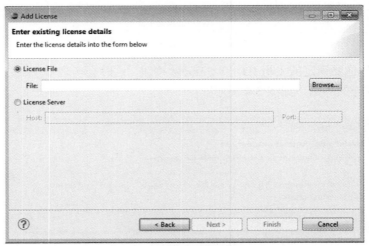

图 3-5　添加许可证文件

（5）选择 License File 单选项添加许可证文件，单击 Browse 按钮，找到在本地保存的许可证文件，单击 Open 按钮，再单击 Finish 按钮完成 DS-5 许可证的添加，单击"关闭"按钮关掉许可证管理器。

也可以选择 License Server 单选项来添加 License Server 信息，填好主机地址和端口号后单击 Finish 按钮完成 DS-5 许可证的添加，单击"关闭"按钮关掉许可证管理器。

（6）重启 DS-5，许可证生效。

3.2.1 在 Windows 下手动添加许可证

除了使用 DS-5 中自带的许可证管理器外，也可以手动添加许可证。在 Windows 环境下手动添加单机锁定版许可证的步骤如下：

（1）获取 DS-5 的许可证并保存到本地计算机中，请参照 3.1 节。

（2）创建一个环境变量 ARMLMD_LICENSE_FILE，将它指向我们保存的许可证文件所在的位置，可以是文件所在的目录或包含这个文件本身。

> **注意**
>
> 如果设置成许可证文件所在的目录，则这个许可证文件必须保存为.lic 文件，如 license.lic。ARMLMD_LICENSE_FILE 变量的长度不能超过 260 个字符。

环境变量可以在 Windows 的 cmd 中使用 set 命令设置，这使得当前使用的 cmd 窗口有效，一旦退出后必须重新设置。如果想让 Windows 系统记住这个环境变量的值，则按如下步骤操作：

1）单击"开始"→"控制面板"命令。

2）在"控制面板"窗口中找到"系统"并双击（可切换到经典模式以方便查找）。

3）在弹出的"系统属性"对话框中单击"高级"选项卡，再单击"环境变量"按钮。

4）创建一个新的环境变量 ARMLMD_LICENSE_FILE，并给它赋值。

3.2.2 在 Linux/UNIX 下手动添加许可证

在 Linux/UNIX 环境下手动添加单机锁定版许可证的步骤和上面的基本相似。

（1）获取 DS-5 的许可证并保存到本地计算机中，请参照 3.1 节。

（2）创建一个环境变量 ARMLMD_LICENSE_FILE，将它指向我们保存的许可证文件所在的位置，可以是文件所在的目录或包含这个文件本身。

> **注意**
>
> 如果设置成许可证文件所在的目录，则这个许可证文件必须保存为.lic 文件，如 license.lic。ARMLMD_LICENSE_FILE 变量的长度不能超过 260 个字符。

在 Linux/UNIX 下设置 ARMLMD_LICENSE_FILE 环境变量的方式有以下两种：

● Shell 命令行方式

● .flexlmrc 文件方式

（1）使用 Shell 命令行方式。

如果使用的是 csh 或 tcsh，设置方法为：

```
setenv  ARMLMD_LICENSE_FILE  pathname
```

如果使用的是 bash 或 sh，设置方法为：

export   ARMLMD_LICENSE_FILE   *pathname*

其中 *pathname* 是许可证存放的路径。

（2）使用.flexlmrc 文件方式。

可以在你的 home 目录下通过编辑.flexlmrc 文件来设置环境变量，在这个文件中添加一行：

ARMLMD_LICENSE_FILE = *pathname*

3.3   网络版许可证的安装

本节主要介绍如何配置服务器端和客户端来使用网络版的许可证，安装的方法有以下 3 种：

- 使用 DS-5 自带的许可证管理器。
- Windows 系统下使用控制面板。
- Linux/UNIX 系统下使用命令行。

具体使用哪种方式来安装可根据实际使用的环境和个人爱好而定。详细的设置步骤请参见 3.2 节，如果使用的端口号处于服务器默认的端口 27000 和 27009 之间，那么这个端口号可以忽略而不用填写。

在 Windows 中设置环境变量 ARMLMD_LICENSE_FILE时，如果只有一个服务器上有许可证，那么可以把环境变量设置成类似的 *8224@my_server*，其中 8224 是端口号；如果在多个服务器上都安装有许可证并且想访问这些服务器，可以把环境变量设置成类似的 *8224@my_serverA; 8224@my_serverB; @my_serverC*，记得把主服务器放在最前面，多个服务器之间用分号隔开。服务器 C 没有端口号，是因为假设它使用了默认的在 27000 和 27009 之间的端口。

在 Linux/UNIX 环境下，可在 Linux/UNIX 的客户端通过设置 ARMLMD_LICENSE_FILE 环境变量来包含 port@server 的信息，同样可以通过 Shell 命令行或编辑.flexlmrc 文件的方式实现。

（1）使用 Shell 命令行方式。

如果使用的是 csh 或 tcsh，设置方法为：

setenv ARMLMD_LICENSE_FILE *8224@my_server*

如果使用的是 bash 或 sh，设置方法为：

ARMLMD_LICENSE_FILE= *8224@my_server*
exportARMLMD_LICENSE_FILE

或者直接

export ARMLMD_LICENSE_FILE = *8224@my_server*

如果想使用多个服务器上的许可证，可以把这些服务器的信息都添加到这个环境变量中，比如在 csh 或 tcsh 下：

```
setenv ARMLMD_LICENSE_FILE8224@my_server1:8224@my_server2:@my_server3
```

记得把主服务器放在首位，多个服务器之间用冒号分开。

（2）使用.flexlmrc 文件方式。

可以在你的 home 目录下通过编辑.flexlmrc 文件来设置环境变量，在这个文件中添加一行：

```
ARMLMD_LICENSE_FILE = 8224@my_server
```

3.4 网络版许可证服务器端的设置

在服务器端配置网络版许可证时需要使用到以下许可证管理的小工具：

- Armlmd：ARM 公司的后台守护程序。
- Lmgrd：FlexNet 公司提供的服务器后台守护程序。
- Lmutil：FlexNet 公司提供的许可证管理工具。
- lmtools.exe：FlexNet 公司提供的基于图形化界面的许可证管理工具，只能在 Windows 环境中使用。

3.4.1 FlexNet 服务器软件的安装

在服务器端必须安装好 FlexNet 的服务器管理软件，获取这个软件的方式有多种：

- 安装 DS-5，在其安装路径下 install_directory\sw\FLEXnet_version。
- 从 ARM 的官方支持网页https://silver.arm.com下载。
- 发邮件给 ARM 的 License 支持团队license.support@arm.com。

安装完后，Windows 下需要更新 PATH 这个环境变量，把它的值设置成 FlexNet 软件安装的路径。Linux/UNIX 的安装步骤如下：

（1）把 FlexNet 服务器管理软件拷贝到服务器上进行安装。

（2）设置 PATH 环境变量，使其包含步骤（1）的安装目录。

（3）在安装的服务器上切换到许可证的工具目录，执行 sh./makelinks.sh。

在服务器上配置时还需要对申请到的许可证文件进行一定的修改，具体步骤如下：

（1）将申请到的许可证文件保存到服务器上，如保存为 license.dat。建议把它保存到 FlexNet 软件的同一目录下。

（2）用文本编辑器打开这个许可证文件。

（3）在文件中找到 *this_host* 关键词，将其改成你的服务器名字。需要注意的是，如果文件中的 host ID 不对或者更改过，则需要联系 ARM 的许可证技术支持进行更新或重新申请。

（4）找到文件中的所有 host ID，在每个 host ID 后面添加上端口号。默认添加的是

8224，如果你不定义一个端口号，那么操作系统会在 27000～27009 中选择一个使用。

（5）将修改好的文件以文本格式保存。

3.4.2　使用图形化界面启动 Windows 下的服务器

可以使用 Windows 下的图形化界面工具来启动 FlexNet 服务器管理（如果之前已经有 FlexNet 的管理程序在运行，必须先把这些程序停掉）。

（1）打开 lmtools.exe 程序，界面如图 3-6 所示。

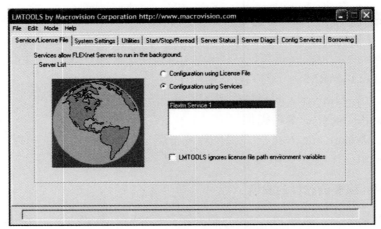

图 3-6　Windows 下 FlexNet 服务器的配置

（2）单击 Service/License File 选项卡，选择 Configuration using Services 单选项。

（3）单击 Configure Services 选项卡，如图 3-7 所示。

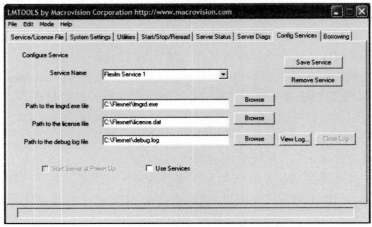

图 3-7　Windows 下 FlexNet 服务器的配置

（4）按照要求把相应的项目填好。如果需要这个 FlexNet 服务器管理软件在每次系统启动时自动启动，可以选中 Use Services 复选项，然后选择 Start Server at Power Up 复选项。

（5）单击 Save Service 按钮保存。

（6）单击 Start/Stop/Reread 选项卡，确认 FlexNet License 管理器已经使能，单击 Start Server 按钮启动服务器。启动后可以查看服务器的运行状况：

- 单击 Server Status。
- 单击 Perform Status Enquiry。
- 查看输出的信息。

可以使用像 Notepad 之类的文本编辑器查看保存的 log 文件。

3.4.3 使用命令行启动 Windows 下的服务器

除了使用图形化界面配置启动 FlexNet 服务器外，Windows 下还可以通过命令行方式来配置。

（1）切换到 FlexNet 服务器管理程序的安装目录。

（2）输入执行 lmgrd -c license_file_name -l logfile_name，其中 license_file_name 是存放 License 文件的完整路径，logfile_name 是保存的日志文件。

（3）可以使用 Notepad 之类的文本编辑器查看保存的 log 文件。

3.4.4 使用命令行启动 Linux 下的服务器

在 Linux 系统下，同样可以通过命令行方式配置启动 FlexNet 服务器。

（1）切换到 FlexNet 服务器管理程序的安装目录。

（2）输入执行 nohuplmgrd -c license_file_name -l logfile_name，其中 license_file_name 是存放许可证文件的完整路径，logfile_name 是保存的日志文件。

（3）可以使用文本编辑器如 vim 查看保存的 log 文件，也可以执行如下命令来查看最后更新的日志信息：

tail -f logfile_name

3.4.5 停止 FlexNet 服务器

有时候我们需要关掉、停止 FlexNet 服务器，比如需要使用一个新的网络版许可证时或者修改过许可证文件后等。

1. 停止 Windows 下的服务器

可以使用 lmtools 的图形化界面来关掉、停止 Windows 下的 FlexNet 服务器。

（1）双击运行 lmtools.exe 工具。

（2）在显示的图形化界面中单击 Start/Stop/Reread。

（3）单击 Stop Server 按钮关闭 FlexNet 服务器。

（4）查看 log 以确认是否关掉。

在 Windows 环境下，建议尽量避免使用 Windows 的任务管理器去强制关掉 FlexNet 服务器进程。如果一定要手动强制关掉服务器，建议先停止 lmgrd，然后停止 armlmd。

2. 停止 Linux 下的服务器

在 Linux 系统中，可以使用命令行方式来关掉 FlexNet 的服务器管理软件。

（1）切换到 FlexNet 的软件安装目录。

（2）在命令行中输入运行 lmutillmdown -q -c license_file_name，其中 license_file_name 必须跟启动 FlexNet 服务器时使用的许可证文件一致。

尽量避免使用 Linux 中的杀死进程命令，如 kill -9，如果一定要手动强制关掉服务器，则建议先停止 lmgrd，然后停止 armlmd。

第4章

DS-5 快速使用实例

本章将介绍如何快速地使用 DS-5 来运行 ARM 的相关代码工程,方便大家熟悉 DS-5 的使用环境和方法。

4.1 导入项目

安装完 DS-5 后,在安装路径下的 example 目录里可以看到有几个 zip 的压缩包,如 Bare-metal_examples_ARMv8.zip,这些是 ARM 自带的应用实例,这些例子可以方便我们学习 DS-5 和 ARM 处理器的一些基本知识。

现在介绍如何把这些例子导入到 DS-5 中。

打开 DS-5 程序,在主界面中单击 File→Import 命令,再单击 Existing Projects into Workspace,如图 4-1 所示,然后单击 Next 按钮,单击 Select archive file 单选项,再单击 Browse 按钮,选择 DS-5 安装路径下实例的 zip 文件 Bare-metal_examples_ ARMv8.zip,如图 4-2 所示,然后单击 Finish 按钮完成整个项目的导入。

成功导入后,会在 DS-5 的调试控制(Debug Control)界面中显示,如图 4-3 所示。

在 Project Explorer 中可以看到相应导入的工程、工程所包含的汇编和 C 代码、编译好的镜像文件,如图 4-4 所示。

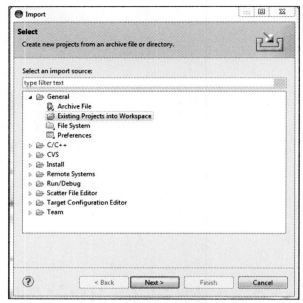

图 4-1   导入工程项目设置

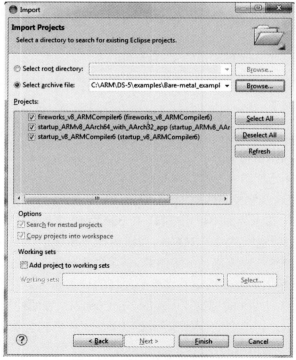

图 4-2   选择导入的工程项目

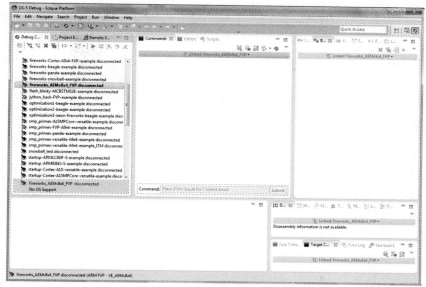

图 4-3　DS-5 调试控制主界面

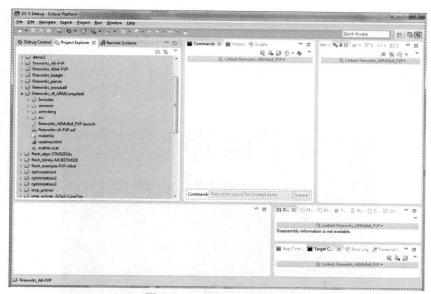

图 4-4　DS-5 工程项目管理

4.2　运行 FVP 实例

这时选择相应的连接配置，如 fireworks_AEMv8x4_FVP，单击调试控制界面中的

Connect to Target 图标 ，或者右击并选择 Connect to Target 命令，如图 4-5 所示，均可
完成连接。

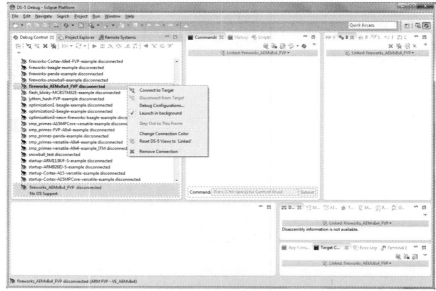

图 4-5　连接配置

成功连接后，单击调试控制界面中的"运行"按钮 ▶或者直接按 F8 键，这个基于
ARMv8 的模型即可运行起来并显示如图 4-6 所示的动态火焰效果。

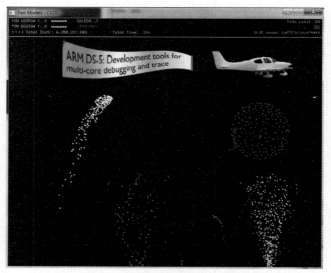

图 4-6　应用程序在模型上运行

第 5 章

DS-5 调试器的使用

5.1　调试器的概念

　　调试程序时经常会涉及以下概念:

　　(1) 调试器 (Debugger)。

　　调试器是运行在主机上的一个软件,可以让我们采用调试适配器等工具去控制和检测运行在调试目标上的软件。

　　(2) 调试会话 (Debug session)。

　　当把调试器和调试目标或模型连接起来,调试运行在目标对象上的软件时,一个调试会话就建立了。一旦把主机软件从调试目标上断开,调试会话即结束。

　　(3) 调试目标 (Debug target)。

　　在产品开发的初期,可能还没有实际的硬件,这时的硬件行为需要通过软件来模拟仿真,这就是调试文档中所谓的模型,模型可与调试器运行在同一台计算机上,但把模型看成一个单独的硬件平台会更加有用。此外,也可以在电路板上制作一个或多个处理器的样机,在它上面可运行或调试应用程序,这就是调试器文档中提到的硬件目标对象。

　　(4) 调试适配器 (Debug adapter)。

　　调试适配器用来处理调试目标发出的调试请求,如设置断点、读写内存等。

调试适配器既不是被调试的应用程序也不是调试器本身，硬件调试适配器有 ARM DSTREAM、ARM RVI 和 ARM VSTREAM，软件调试适配器有 gdbserver。

（5）配置数据库（Configuration database）。

配置数据库供 DS-5 调试器存放它可以连接的调试板上的处理器和一些设备的信息。这个数据库包含了 XML 文件、Python 脚本和其他一些文件，默认路径为 DS-5 安装目录下的 DS-5/sw/debugger/configdb/。

每个 DS-5 的发行版本中都含有成千上万个这样的数据库，可方便地使用 DS-5 的 Eclipse IDE 打开。同时，也可以通过 DS-5 中自带的工具来创建自己的数据库。

（6）上下文（Contexts）。

目标对象上的每个处理器都可以运行一个或多个进程，但同一时间一个处理器只能运行一个进程。每个进程都要使用存放在变量、寄存器、内存中的值，这些值在进程执行过程中是会改变的。

一个进程的上下文描述了它当前所处的状态，这种状态主要由堆栈调用确定，堆栈列出了当前所有激活的调用。当出现以下情况时进程上下文会改变：

- 函数被调用。
- 函数返回。
- 中断或异常发生。

因为变量可以是类、局部变量或全局变量，所以上下文决定了当前哪些变量是可以访问的。每一个进程都有自己的上下文，当进程停止执行时可以查看或改变当前的变量。

（7）变量的有效范围（Scope）。

变量的有效范围由它在应用程序中所定义的位置决定，有以下几种情况：

- 只在类中有效。
- 只在函数内有效（本地变量）。
- 只在文件内有效（静态全局变量）。
- 在整个应用程序中都有效（全局变量）。

5.2 DSTREAM 固件维护

DSTREAM 硬件调试适配器是 ARM 官方推出的一款硬件调试适配器，配合使用 DS-5 集成开发软件可方便地调试所有的 ARM 处理器。

DSTREAM 的固件一般都包含在 DS-5 中，所以它们是同时发布的。大多数时候，当我们使用一个新版本的 DS-5 时，相应地也要对 DSTREAM 的固件进行升级。

ARM 为 DSTREAM 这个硬件调试器提供了一系列硬件配置工具，使用户可以配置和升级 DSTREAM，包括：

- Debug Hardware Config IP：用于配置 DSTREAM 的 IP 地址。
- Debug Hardware Update：用于更新 DSTREAM 的固件。
- Debug Hardware Configuration：用于探测和配置目标硬件调试单元，获取相应的硬件配置信息并生成文件，以便导入 DS-5 生成此设备的配置数据库。从 DS-5 v5.19 开始内部集成了一个平台配置编辑器 PCE，所以之后的 DS-5 就用 PCE 取代了这个工具。

5.2.1 DSTREAM 固件升级

在 Windows 下，单击"开始"→"所有程序"→ARM DS-5→Debug Hardware→Debug Hardware Update；在 Linux 环境下，进入 DS-5 的安装路径，设置好环境变量后执行 rviupdate，显示如图 5-1 所示的界面。

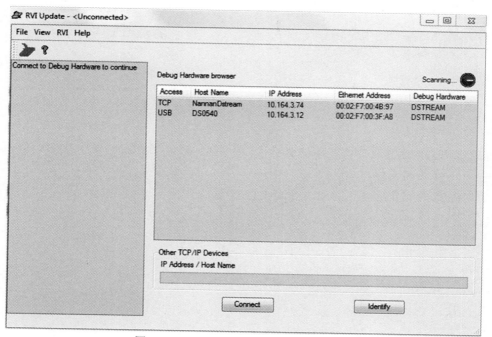

图 5-1　Debug Hardware Update 启动界面

单击右上角的 按钮可以启动扫描，它将扫描到所有局域网内通过网络连接的或通过 USB 连接在本机上的 DSTREAM，再次单击该按钮可以停止扫描。在扫描到的 DSTREAM 列表中双击要升级的 DSTREAM，显示如图 5-2 所示。

在 Version 栏中可以清楚地看到当前 DSTREAM 所使用的版本。单击左上角的 进入固件升级程序，如图 5-3 所示。

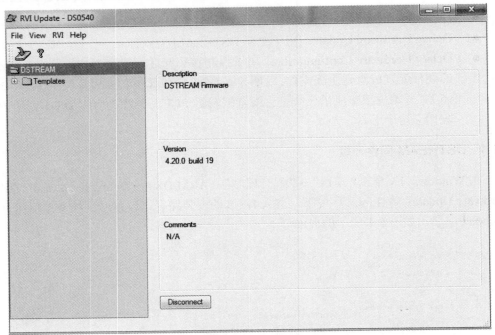

图 5-2　DSTREAM 固件升级

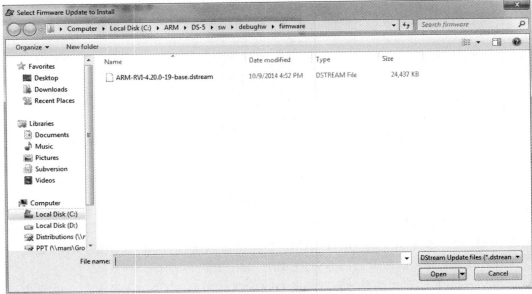

图 5-3　DSTREAM 固件升级

5.2.2 DSTREAM 的配置

在 Windows 下，单击"开始"→"所有程序"→ARM DS-5→Debug Hardware→Debug Hardware Config IP；在 Linux 环境下，进入 DS-5 的安装路径，设置好环境变量后执行 rviconfigip，显示如图 5-4 所示的界面。

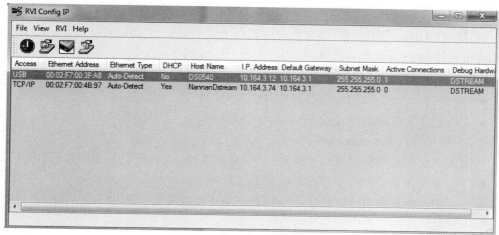

图 5-4　DSTREAM IP 配置扫描

单击工具栏中的 ● 按钮可以启动扫描，它将扫描到所有局域网内通过网络连接的或通过 USB 连接在本机上的 DSTREAM，再次单击该按钮停止扫描。在扫描到的 DSTREAM 列表中双击要配置的 DSTREAM，显示如图 5-5 所示，可通过是否选择 DHCP 复选项来自动获取 IP 地址或手动添加 IP。

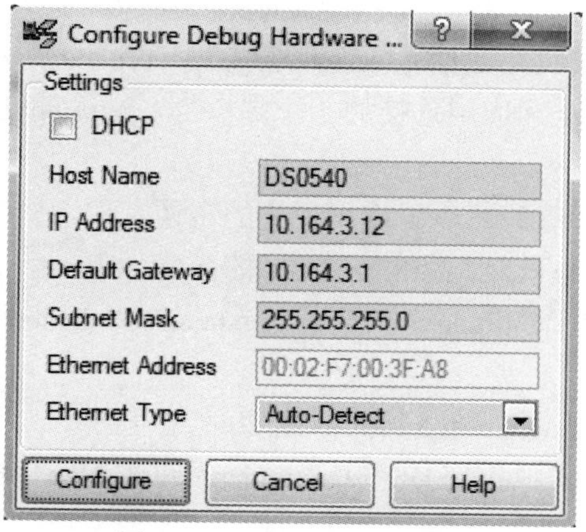

图 5-5　DSTREAM IP 配置

5.3　配置和连接调试目标

要用 DS-5 来调试程序，必须在安装了 DS-5 的主机端和所需调试的目标之间建立一个连接。DS-5 的调试器目前能支持的调试程序类型有以下两种：

（1）Linux 应用程序。

调试一个 Linux 应用程序，需要在调试目标上安装和运行 gdbserver 或 rewind server，这样就可以使用 TCP 或串行连接：

● gdbserver 运行在一个配置好用来启动 ARM Linux 的模型上。

● gdbserver 运行在硬件调试目标板上。

● 运行在硬件调试目标板上的 rewind 服务器。

（2）裸机系统和 Linux 内核。

如果需要在调试目标上调试裸机系统、Linux 内核或 Linux 的设备驱动程序，可以：

● 将硬件调试适配器连接在主机和调试目标上。

● 在调试器和模型之间建立一个符合 CADI 规范的连接。

5.3.1　用 gdbserver 对 Linux 目标建立连接

通过 gdbserver 建立和连接一个 Linux 调试目标的前提条件有以下几个：

● 调试目标已经启动并加载、运行了 Linux 操作系统。

● 能获取到调试目标的 IP 地址。

● 如有需要，建立了连接到调试目标的远程系统探测器（Remote System Explorer, RSE）。

● 在调试目标上安装并运行 gdbserver：*gdbserver port path/myApplication*，其中 port 是 gdbserver 和应用连接的一个端口号，*path/myApplication* 是所需调试的应用程序。

● 在调试目标上加载和运行了应用程序的镜像。

准备好这些前提条件后，建立和配置调试的步骤如下：

（1）运行 DS-5，选择 Window→Open Perspective→Others→DS-5 Debug 命令，如图 5-6 所示。

（2）选择 Run→Debug Configurations 命令。

（3）在弹出的对话框中找到 DS-5 Debugger，单击 New 按钮创建一个新的连接，如图 5-7 所示。

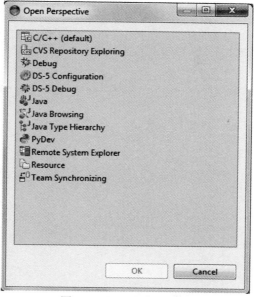

图 5-6　DS-5 Debug 界面

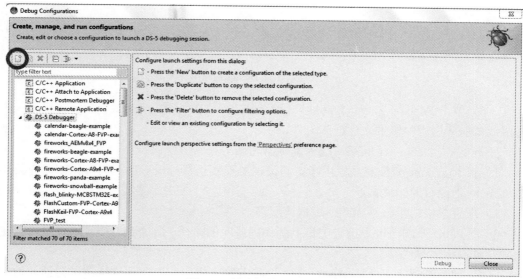

图 5-7　创建新的 Debug 连接

（4）在 Name 文本框中为这个新建立的连接填写一个合适的名字。

（5）单击 Connection 标签配置一个 DS-5 调试器的目标连接，如图 5-8 所示。

1）找到并选择所需调试的平台，展开 Linux Application Debug 选项。

2）选择相应的调试类型，如 Connect to already running gdbserver。

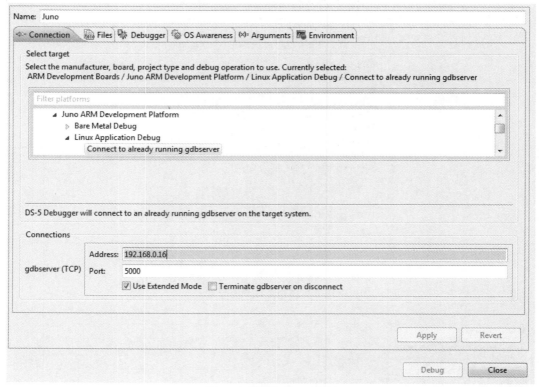

图 5-8　配置 Debug 连接

（6）单击 Files 标签，定义调试目标的环境，从文件系统或工作空间中选择调试器需要调试的应用程序镜像文件或库文件。

（7）单击 Debugger 标签，配置调试器选项。

1）在 Run control 控制面板中指定当调试器连接到目标板后的行为，比如只连接还是从 main 主函数开始调试。

2）配置主机的工程路径或使用默认配置。

3）在 Paths 控制面板中指定主机上源代码或库的路径，调试器将搜寻这个路径并在调试时显示这些源代码。

（8）如有需要，可通过 Arguments 选项卡输入相应的参数，这样调试会话开始的时候会将这些参数传给应用程序。

（9）如有需要，可通过 Environment 选项卡创建和配置环境变量，这样调试会话开始的时候会传给应用程序。

（10）单击 Apply 按钮保存这些配置。

（11）单击 Debug 按钮连接调试目标。

成功连接后可以设置断点、单步调试等，并且在 DS-5 主界面的 Commands 命令行窗口中可以轻松地输入 gdb 的命令，控制或查看程序的运行状况。

5.3.2 配置 FVP 的连接以调试 Linux 应用

FVP（Fixed Virtual Platform，固定虚拟平台）是 ARM 官方基于 ARM 的 IP 设计开发的一种虚拟平台技术，可实现在没有实际硬件平台的条件下进行早期的代码移植、评估和调试等多种功能。这里以 ARM 的 Cortex-A8 FVP（preconfigured to boot ARM embedded Linux）为例介绍如何通过 DS-5 创建连接，并调试运行在 FVP 上的 Linux 应用程序。

（1）运行 DS-5，选择 Window→Open Perspective→Others→DS-5 Debug 命令。

（2）选择 Run→Debug Configurations 命令。

（3）在弹出的对话框中找到 DS-5 Debugger，单击 New 按钮创建一个新的连接。

（4）在 Name 文本框中为这个新建立的连接填写一个合适的名字。

（5）在 Connection 选项卡中配置 DS-5 调试器的目标连接。

1）选择所需调试的 FVP 平台（如 Cortex-A8），展开 Linux Application Debug 选项，选择相应的调试类型，假如你使用了 VFS，则选择 Debug target resident application，如图 5-9 所示。

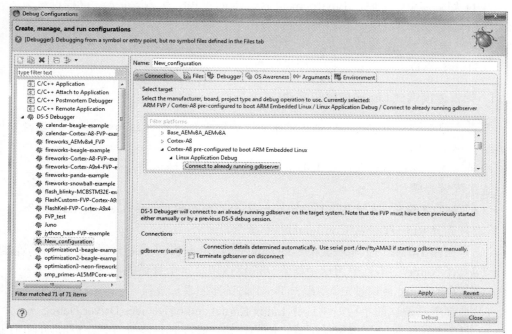

图 5-9　配置 FVP 调试 Linux 应用程序

2）在 Connection 控制面板中自动配置了一个串行连接。

3）如果使用 VFS，则选中 Enable virtual file system support。默认的 VFS 加载点会将 Eclipse 的工作空间映射到模型上可写的路径。保持默认设置或进行相应的更改。需要注意的是，VFS 在模型初始化的时候已配置好，更改了 VFS 的目录结构，可能需要重启模型。

（6）单击 Files 标签，定义目标的环境，选择调试器所需使用的应用程序和库文件。

1）在 Target Configuration 中指定调试目标上的应用程序位置，也可以指定工作空间路径。

2）在 Files 中指定主机上的调试文件，以使调试器使用并加载调试信息。

（7）单击 Debugger 标签，配置调试器选项。

1）在 Run control 控制面板中指定当调试器连接到目标板后的行为，比如只连接还是从 main 主函数开始调试。

2）配置主机的工程路径或使用默认配置。

3）在 Paths 控制面板中指定主机上源代码或库的路径，调试器将搜寻这个路径并在调试时显示这个些源代码。

（8）如有需要，可通过 Arguments 选项卡输入相应的参数，这样调试会话开始的时候会将这些参数传给应用程序。

（9）如有需要，可通过 Environment 选项卡创建和配置环境变量，这样调试会话开始的时候会传给应用程序。

（10）单击 Apply 按钮保存这些配置。

（11）单击 Debug 按钮连接目标进行调试。

5.3.3　配置连接调试 Linux 内核和驱动

本节主要介绍如何通过硬件调试适配器、如何配置连接到 Linux 的内核，以及如何在调试目标上添加驱动模块。

准备工作：连接前确保已获得调试目标的 IP 地址或域名。

连接配置步骤如下：

（1）运行 DS-5，选择 Window→Open Perspective→Others→DS-5 Debug 命令。

（2）选择 Run→Debug Configurations 命令。

（3）在弹出的对话框中找到 DS-5 Debugger，单击 New 按钮 创建一个新的连接。

（4）在 Name 文本框中为这个新建立的连接填写一个合适的名字。

（5）在 Connection 选项卡中配置 DS-5 调试器的目标连接。

1）选择所需调试的平台，再选择 Linux Kernel and/or Devices Driver Debug。

2）配置调试器和硬件调试适配器之间的连接，通过 Browse 按钮找到相应的硬件调试适配器。

（6）单击 Debugger 标签，配置调试器。

1）在 Run Control 区域中选择 Connect Only 单选项，如有需要，可配置相应的启动脚本。

> **注意**
>
> 当 Linux 内核镜像文件从 DS-5 调试器启动配置装载到调试器后，操作系统可自动支持。但是通过手动设置操作系统命令，则也可手动配置操作系统的支持功能。比如，如果需要延迟在内核引导后操作系统支持功能激活和延迟内存管理单元初始化，可通过配置目标初始化脚本来取消操作系统的支持功能。为了能调试内核，操作系统支持功能必须在调试器中启动。

2）选中 Execute debugger commands 复选项。

3）在下面的文本框中输入以下命令：

```
add-symbol-file      <path>/vmlinux S:0
add-symbol-file      <path>/modex.ko
```

vmlinux 的存放路径必须和所使用的编译环境一致，如图 5-10 所示。

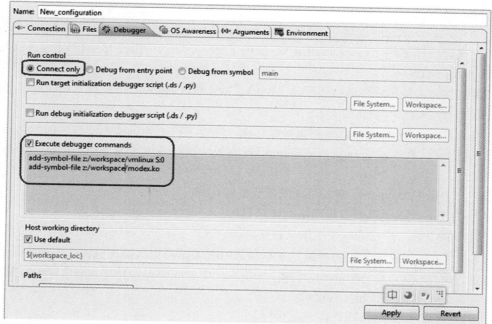

图 5-10　配置 Debugger 界面

4）配置主机的工作目录或使用默认选项。

5）在 Paths 面板中指定主机上的源代码搜索路径，以使调试器在显示匹配源代码时使用。

（7）单击 Apply 按钮保存配置。

（8）单击 Debug 按钮连接调试目标。

（9）调试要求在 DS-5 调试视图下。如果出现要求切换视图的对话框，则单击 Yes 按钮切换视图。

在连接建立并且 DS-5 调试视图打开后，所有相关的查看器和编辑器都会显示出来。可以使用动态帮助来得到更多的帮助信息。

5.3.4　配置连接到裸板调试

本节主要介绍采用硬件调试适配器如何下载、连接和调试运行在裸板上的应用程序。

详细连接步骤如下：

（1）运行 DS-5，选择 Window→Open Perspective→Others→DS-5 Debug 命令。

（2）选择 Run→Debug Configurations 命令。

（3）在弹出的对话框中找到 DS-5 Debugger，单击 New 按钮 创建一个新的连接。

（4）在 Name 文本框中为这个新建立的连接填写一个合适的名字。

（5）在 Connection 选项卡中配置 DS-5 调试器的目标连接。

1）选择要调试的平台，如 ARM-Versatile Express A9x4→Bare Metal Debug→Debug Cortex-A9x4 SMP。

2）配置调试器和硬件调试适配器之间的连接，通过 Browse 按钮找到相应的硬件调试适配器。

（6）单击 Files 标签，定义调试目标环境，选择主机上调试器需要使用的应用程序文件或库的调试版本。在 Target Configuration 面板中选择主机上想下载到调试目标上的应用程序。

（7）单击 Debugger 标签，配置调试器设置。

1）在 Run 控制面板中指定连接到调试目标后调试器需要执行的操作。

2）配置主机工作目录或使用默认目录。

3）在 Paths 面板中指定当调试器显示源代码时调试器使用的主机源代码搜索路径。

（8）如有需要，在 Arguments 选项卡中键入使用 semihosting 传递到应用程序的参数。

（9）单击 Apply 按钮保存配置。

（10）单击 Debug 按钮连接调试目标。

（11）调试要求在 DS-5 调试视图下。如果出现要求切换视图的对话框，则单击 Yes 按钮切换视图。

在连接建立并且 DS-5 调试视图打开后，所有相关的查看器和编辑器都会显示出来。可以使用动态帮助来得到更多的帮助信息。

5.3.5 配置连接到裸板上的代码跟踪器

代码跟踪，可以轻松地捕获和查看裸板上处理器执行过的应用程序代码和其他一些日志记录信息。

> **注意**
>
> 调试配置对话框中的事件查看器（Event Viewer）仅对使用了 System Trace Macrocell（STM）或 Instrumentation Trace Macrocell（ITM）的调试目标系统有效。

连接前，必须事先获取在调试器和调试硬件代理间的 IP 地址或域名。

详细连接配置步骤如下：

（1）运行 DS-5，选择 Window→Open Perspective→Others→DS-5 Debug 命令。

（2）选择 Run→Debug Configurations 命令。

（3）在弹出的对话框中找到 DS-5 Debugger，单击 New 按钮□创建一个新的连接。

（4）在 Name 文本框中为这个新建立的连接填写一个合适的名字。

（5）在 Connection 选项卡中配置 DS-5 调试器的目标连接。

1）选择要调试的平台，如 ARM-Versatile Express A9x4→Bare Metal Debug→Debug Cortex-A9x4 SMP。

2）配置调试器和硬件调试适配器之间的连接，通过 Browse 按钮找到相应的硬件调试适配器。

（6）单击 DTSL Options 面板后面的 Edit 按钮，弹出如图 5-11 所示的对话框。

1）在 Trace Capture 选项卡中选择捕获跟踪信息的存储目的地。

- None：表示不存储。
- On Chip Trace Buffer（ETB）：表示存储在芯片内部的缓冲区，容量一般比较小，典型的有 32KB 和 64KB。
- DSTREAM 4GB Trace Buffer：表示将跟踪信息保存到调试适配器 DSTREAM，容量最高可达 4GB。

2）在 Core Trace 选项卡中选择需要捕获哪个处理器的跟踪信息。

3）在 ITM 选项卡中可使能捕获 ITM 的日志信息。

（7）单击 Files 标签，定义调试目标环境，选择主机上调试器需要使用的应用程序文件或库的调试版本，在 Target Configuration 面板中选择主机上想下载到调试目标上的应用程序。

（8）单击 Debugger 标签，配置调试器设置。

1）在 Run 控制面板中指定连接到调试目标后调试器需要执行的操作。

2）配置主机工作目录或使用默认目录。

3）在 Paths 面板中指定当调试器显示源代码时调试器使用的主机源代码搜索路径。

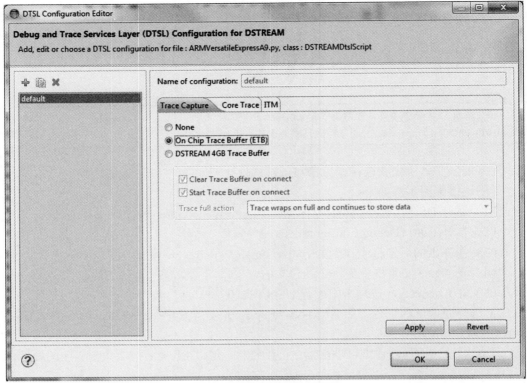

图 5-11　跟踪信息捕获设置

（9）如有需要，在 Arguments 选项卡中键入使用 semihosting 传递到应用程序的参数。

（10）单击 Apply 按钮保存配置。

（11）单击 Debug 按钮连接调试目标。

（12）调试要求在 DS-5 调试视图下。如果出现要求切换视图的对话框，则单击 Yes 按钮切换视图。

在连接建立并且 DS-5 调试视图打开后，所有相关的查看器和编辑器都会显示出来。可以使用动态帮助来得到更多的帮助信息。

同理，在调试 Linux 内核和驱动程序时，也可以捕获跟踪处理器的代码执行信息，其设置和本节的步骤 6 是一致的。

5.3.6　配置 Rewind 连接调试 Linux 应用

本节主要介绍使用调试配置窗口中已有的 Application Debug with Rewind Support 功能如何连接和逆向调试 Linux 的应用程序。

注意

- 应用程序的 Rewind 功能不支持通过 fork 创建的进程。
- 当逆向调试应用程序时，只能查看之前已记录的内存、寄存器或变量，不能编辑或修改。
- Rewind 功能目前只支持 ARMv5TE 之后的架构，对 ARMv8 的支持目前还处于开发之中。

Rewind 支持的选项功能如图 5-12 所示，主要有：

- Connect to already running application：此选项需要在调试目标上加载 Linux 应用程序和 Rewind 应用服务器，并且在 DS-5 和调试目标进行连接前要手动启用 Rewind 应用服务器。
- Download and debug application：当使用此选项建立连接时，DS-5 加载 Linux 应用程序和 Rewind 应用服务器到调试目标上，并启动一个新的 Rewind 应用服务进行调试。
- Start undodb-server and debug target-resident application：此选项需要手动加载 Linux 应用程序和 Rewind 应用服务器到调试目标上。当一个连接建立时，DS-5 在调试目标上启动一个新的 Rewind 应用服务来调试 Linux 应用程序。

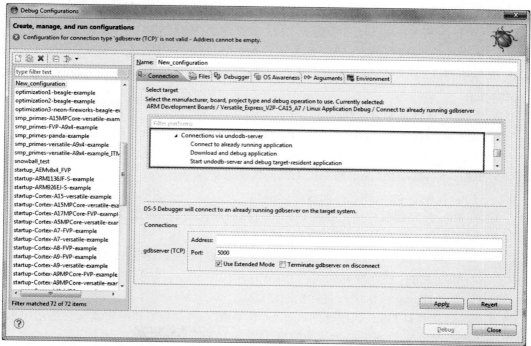

图 5-12　Rewind 调试功能选项

1. 连接已经运行的 Rewind 应用

在建立连接前必须准备好：

- 把 DS-5 安装路径（<DS-5 install>/DS-5/arm/undodb/linux）下的 undodb-server 文件拷贝到调试目标板。
- 拷贝需要调试的 Linux 应用程序到调试目标板。
- Rewind 应用服务器已经运行并且连接到了你的应用程序。

> **注意**
>
> 要在调试目标板上运行应用程序和 Rewind 应用服务器，需要执行：
>
> undodb-server --connect-port port path/myApplication
>
> 其中 port 是你选择用来让 DS-5 调试器和 Rewind 应用服务器通信的 TCP/IP 端口号，path/myApplication 是需要调试的 Linux 应用。

详细配置步骤如下：

（1）运行 DS-5，选择 Window→Open Perspective→Others→DS-5 Debug 命令。

（2）选择 Run→Debug Configurations 命令。

（3）在弹出的对话框中找到 DS-5 Debugger，单击 New 按钮创建一个新的连接。

（4）在 Name 文本框中为这个新建立的连接填写一个合适的名字。

（5）在 Connection 选项卡中配置 DS-5 调试器的目标连接。

1）在 Select target 面板中找到并选择 Linux Application Debug→Application Debug with RewindSupport→Connections via undodb-server→Connect to already running application。

2）配置调试目标的 IP 地址。

3）填写需要连接的 UndoDB-server（TCP）端口号。

（6）单击 Files 标签，选择调试器需要加载使用的主机上的文件。如有需要，也可以指定想加载到调试目标板上的主机上的其他文件。

（7）单击 Debugger 标签，配置调试器。

1）在 Run 控制面板中指定连接到调试目标后调试器需要执行的操作。

2）配置主机工作目录或使用默认目录。

3）在 Paths 面板中指定当调试器显示源代码时调试器使用的主机源代码搜索路径。

（8）单击 Apply 按钮保存配置。

（9）单击 Debug 按钮进行目标板的连接。

在连接建立并且 DS-5 调试视图打开后，所有相关的查看器和编辑器都会显示出来。可以使用动态帮助来得到更多的帮助信息。

2. 加载 Rewind 应用服务器到调试目标系统

在使用 Download and debug application 选项前必须配置好：

- 调试目标已经启动并加载、运行了 Linux 操作系统。
- 拥有调试目标的 IP 地址或域名。
- 配置了连接到调试目标的 RSE（Remote Systems Explorer，远程系统探测器）。

详细配置步骤如下：

（1）运行 DS-5，选择 Window→Open Perspective→Others→DS-5 Debug 命令。

（2）选择 Run→Debug Configurations 命令。

（3）在弹出的对话框中找到 DS-5 Debugger，单击 New 按钮 创建一个新的连接。

（4）在 Name 文本框中为这个新建立的连接填写一个合适的名字。

（5）在 Connection 选项卡中配置 DS-5 调试器的目标连接。

1）在 Select target 面板中找到并选择 Linux Application Debug→Application Debug with RewindSupport→Connections via undodb-server→Download and debug application。

2）从列表里选择 RSE 连接。

3）接受默认的 UndoDB-server（TCP）端口号。

（6）单击 Files 标签，定义应用程序文件和库。

1）在 Target Configuration 控制面板中从主机上选择需要下载到调试目标的应用程序，并指定此文件下载到目标板上的存放目录。

2）在 Files 面板中从主机上选择调试器需要加载调试信息的文件。如有需要，也可以指定主机上的其他文件下载到目标板上。

（7）单击 Debuuger 标签，配置调试器。

1）在 Run 控制面板中指定连接到调试目标后调试器需要执行的操作。

2）配置主机工作目录或使用默认目录。

3）在 Paths 面板中指定当调试器显示源代码时调试器使用的主机源代码搜索路径。

（8）如有需要，可使用 Arguments 标签键入当调试会话启动时传递给应用程序的参数。

（9）如有需要，可使用 Environment 标签键入当调试会话启动时创建和配置调试目标的环境变量。

（10）单击 Apply 按钮保存配置。

（11）单击 Debug 按钮进行目标板的连接。

3. 运行 Rewind 服务并调试目标应用

在使用 Start undodb-server and debug target-resident application 选项前必须配置好：

- 调试目标已经启动并加载、运行了 Linux 操作系统。
- 拥有调试目标的 IP 地址或域名。
- 配置了连接到调试目标的 RSE（Remote Systems Explorer，远程系统探测器）。
- 确保 Rewind 应用服务器已经在调试目标上并添加到了 PATH 这个环境变量中。
- 确保所需调试的 Linux 应用程序已经在调试目标板上。

详细配置步骤如下：

（1）运行 DS-5，选择 Window→Open Perspective→Others→DS-5 Debug 命令。

（2）选择 Run→Debug Configurations 命令。

（3）在弹出的对话框中找到 DS-5 Debugger，单击 New 按钮创建一个新的连接。

（4）在 Name 文本框中为这个新建立的连接填写一个合适的名字。

（5）在 Connection 选项卡中配置 DS-5 调试器的目标连接。

1）在 Select target 面板中找到并选择 Linux Application Debug→Application Debug with RewindSupport→Connections via undodb-server→Start undodb-server and debug target-residentapplication。

2）从列表里选择 RSE 连接。

3）接受默认的 UndoDB-server（TCP）端口号。

（6）单击 Files 标签，定义应用程序文件和库。

1）在 Target Configuration 控制面板中从主机上选择需要下载到调试目标的应用程序，并指定此文件下载到目标板上的存放目录。

2）在 Files 面板中从主机上选择调试器需要加载调试信息的文件。如有需要，也可以指定主机上的其他文件下载到目标板上。

（7）单击 Debuuger 标签，配置调试器。

1）在 Run 控制面板中指定连接到调试目标后调试器需要执行的操作。

2）配置主机工作目录或使用默认目录。

3）在 Paths 面板中指定当调试器显示源代码时调试器使用的主机源代码搜索路径。

（8）如有需要，可使用 Arguments 标签键入当调试会话启动时传递给应用程序的参数。

（9）如有需要，可使用 Environment 标签键入当调试会话启动时创建和配置调试目标的环境变量。

（10）单击 Apply 按钮保存配置。

（11）单击 Debug 按钮进行目标板的连接。

5.3.7　使用 gdbserver 调试 Android 应用和库

DS-5 可以方便地调试通过 NDK 开发的 apk 应用或库文件。DS-5 自带了一个定制化的 gdbserver 以实现在多线程的 apk 应用和 NEON 等寄存器中获得更多的控制权。调试 apk 时，需要用 DS-5 自带的 gdbserver 替换掉 AndroidNDK ...\toolchains\...\prebuilt 下的 gdbserver，然后配置连接和调试使用原生应用或库的 Android 目标，主要选项有以下两个：

● Attach to a running Android application：此选项需要在 DS-5 调试会话连接前手动下载应用程序到 Android 的调试目标平台上。连接一旦建立，DS-5 就启动一个新的 gdbserver 服务来调试你的应用程序。

- Download and debug an Android application：当使用此选项建立连接时，DS-5 下载应用程序和 gdbserver 到 Android 的调试目标上，并且启动一个新的 gdbserver 来调试你的应用程序。

1. 连接已经运行的 Android 应用

使用 Attach to a running Android application 选项，可以连接已经运行的程序和 gdbserver，在连接前需要准备好：

- ADB 这个工具组件已经添加到工作环境的 PATH 环境变量中。
- 获取了 Android 设备的 root 权限。
- 确保 Android 设备已经启动并运行。
- 确保需要调试的应用程序在 Android 设备上已经安装和运行。

详细设置步骤如下：

（1）运行 DS-5，选择 Window→Open Perspective→Others→DS-5 Debug 命令。

（2）选择 Run→Debug Configurations 命令。

（3）在弹出的对话框中找到 DS-5 Debugger，单击 New 按钮创建一个新的连接。

（4）在 Name 文本框中为这个新建立的连接填写一个合适的名字。

（5）在 Connection 选项卡中配置 DS-5 调试器的目标连接。

1）在 Select target 面板中找到并选择 Android Application Debug→Native Application/Library Debug Support→APK Native Library Debug via gdbserver→Attach to a running Android application。

2）在 Connections 面板中选择所需调试的设备。

3）选择 gdbserver 使用的通信端口，默认是 5000。

（6）单击 Files 标签，定义应用文件和库。

1）在 Android 面板中选择需要使用的工程路径和 APK 文件，Process 和 Activity 这两项会通过 AndroidManifest.xml 文件填充。

2）在 Files 栏中选择调试器使用并加载调试信息的主机文件。

（7）单击 Debugger 标签，进行调试配置。

1）在 Run control 栏中选择 Connect only。

2）在 Host working directory 栏中配置主机的工作目录或使用默认目录。

3）在 Paths 栏中配置调试器显示源代码时使用的在主机上源文件或库的搜索路径。

（8）单击 Apply 按钮保存配置。

（9）单击 Debug 按钮进行目标板的连接。

2. 下载和调试 Android 应用

使用 Download and debug an Android application 选项下载和安装应用程序到 Android 设备上，加载和运行一个 gdbserver 的调试会话。在连接建立前需要准备好：

- ADB 这个工具组件已经添加到工作环境的 PATH 环境变量中。
- 获取了 Android 设备的 root 权限。
- 确保 Android 设备已经启动并运行。

详细设置步骤如下：

（1）运行 DS-5，选择 Window→Open Perspective→Others→DS-5 Debug 命令。

（2）选择 Run→Debug Configurations 命令。

（3）在弹出的对话框中找到 DS-5 Debugger，单击 New 按钮创建一个新的连接。

（4）在 Name 文本框中为这个新建立的连接填写一个合适的名字。

（5）在 Connection 选项卡中配置 DS-5 调试器的目标连接。

1）在 Select target 面板中找到并选择 Android Application Debug→NativeApplication/Library Debug Support→APK Native Library Debug via gdbserver→Download and debug an Android application。

2）在 Connections 面板中选择所需调试的设备。

3）选择 gdbserver 使用的通信端口，默认是 5000。

（6）单击 Files 标签，定义应用文件和库。

1）在 Android 面板中选择需要使用的工程路径和 APK 文件。Process 和 Activity 这两项会通过 AndroidManifest.xml 文件填充。如有需要，可以选择不同的 Activity。

2）在 Files 栏中选择调试器使用并加载调试信息的主机文件。

（7）单击 Debugger 标签，进行调试配置。

1）在 Run control 栏中选择 Connect only。

2）在 Host working directory 栏中配置主机的工作目录或使用默认目录。

3）在 Paths 栏中配置调试器显示源代码时使用的在主机上源文件或库的搜索路径。

（8）单击 Apply 按钮保存配置。

（9）单击 Debug 按钮进行目标板的连接。

5.4　使用 FVP 调试和跟踪实例

DS-5 安装完成后会有一个集成 Cortex-A9 的免费 FVP 模型，这里以此为例来介绍如何使用 FVP 模型进行软件的调试和跟踪，方便软件开发人员在没有硬件的环境下进行早期的软件移植和验证等工作（如果需要调试其他 ARM 处理器，请联系 ARM 相关人员）。

下面以 hello.c 为例来简单介绍几个 printf 输出语句。当然作为一个完整的工程，还需要有启动代码 startup.s 和 scatter 文件，可参考 DS-5 安装目录下自带的例子 Bare-metal_examples_ARMv7/DS-5Examples/startup_Cortex-A9。

详细步骤如下：

（1）运行 DS-5，选择 Window→Open Perspective→Others→DS-5 Debug 命令。

（2）选择 Run→Debug Configurations 命令。

（3）在弹出的对话框中找到 DS-5 Debugger，单击 New 按钮创建一个新的连接。

（4）在 Name 文本框中为这个新建立的连接填写一个合适的名字，如 test_A9_FVP。

（5）在 Connection 选项卡中配置 DS-5 调试器的目标连接，如图 5-13 所示：ARM FVP→VE_Cortex_A9x1→Bare Metal Debug→Debug Cortex-A9。

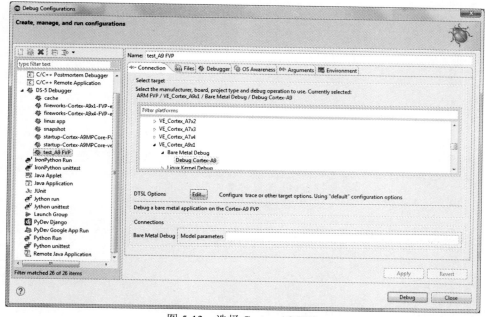

图 5-13　选择 Cortex-A9 FVP

（6）单击 DTSL Options 后面的 Edit 按钮，打开并配置好如图 5-14 所示的窗口，以使能 FVP 的代码跟踪功能，完成后单击 OK 按钮关闭。

（7）在 File 选项卡中加载编译好的镜像，如图 5-15 所示。

（8）在 Debugger 选项卡的 Run Control 栏中选择 Debug from entry point 单选项以从处理器启动后的第一条指令处开始调试。

（9）在 Path 栏中设置好工程源代码路径，以方便反汇编和 C 源代码对应，如图 5-16 所示。

（10）依次单击 Apply 按钮和 Debug 按钮，系统自动开始连接并将 PC 指针停留在复位后的第一条指令处：

```
Vectors
LDRPC, Reset_Addr
```

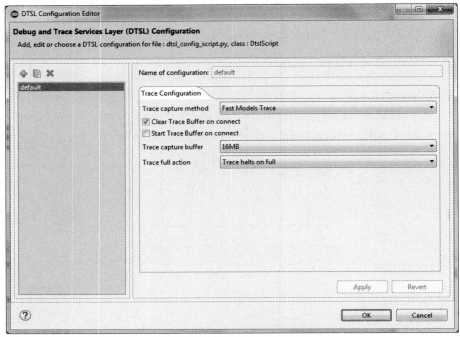

图 5-14　配置 FVP 的跟踪功能

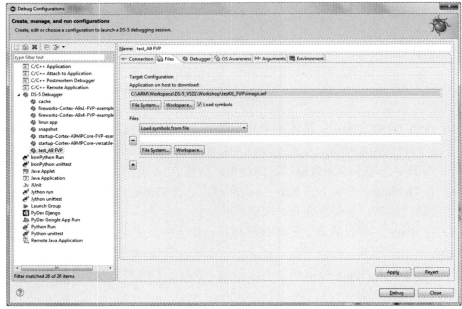

图 5-15　加载镜像文件到 FVP

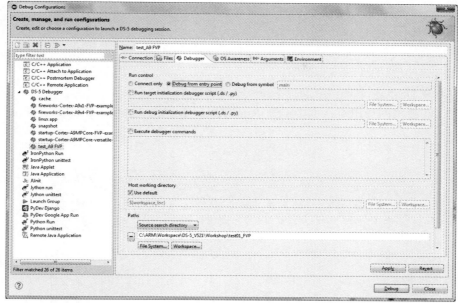

图 5-16　设置源代码路径

（11）在命令行窗口中输入 b main，在 main 主函数设置断点。

（12）单击 DS-5 调试控制窗口中的 ▶ 按钮，全速运行到 main 处，在 Trace 视图中将显示系统的跟踪统计信息和反汇编代码，如图 5-17 所示。

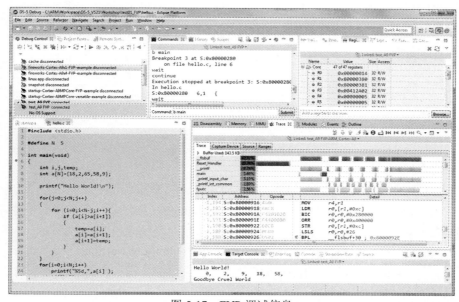

图 5-17　FVP 调试信息

5.5　导出已有的配置

导出已有配置的详细步骤如下：

（1）在 DS-5 主菜单栏中选择 File→Export 命令。

（2）在弹出的导出对话框中展开 Run/Debug 并选择 Launch Configurations，如图 5-18 所示。

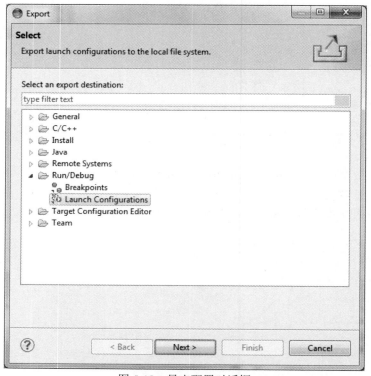

图 5-18　导出配置对话框

（3）单击 Next 按钮。

（4）在弹出的启动配置对话框中展开 Ds-5 debugger 组件，然后选择一个或多个需要导出的配置，单击 Browse 按钮，选择在本地保存的路径，如图 5-19 所示。

（5）如有需要，可选择 Overwrite existing file(s) without warning。

（6）单击 Finish 按钮完成配置的导出。

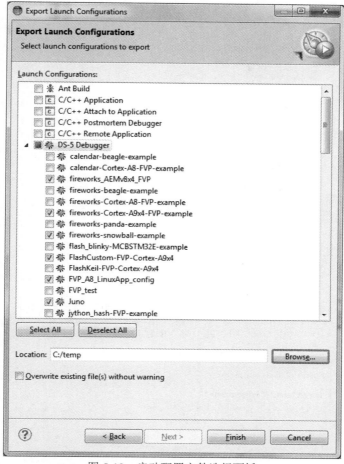

图 5-19　启动配置文件选择面板

5.6　导入已有的启动配置

导入已有启动配置的详细步骤如下：

（1）在 DS-5 主菜单栏中选择 File→Import 命令。

（2）在弹出的导入对话框中展开 Run/Debug 并选择 Launch Configurations，如图 5-20 所示。

（3）单击 Next 按钮。

（4）单击 Browse 按钮，选择本地文件的位置。

（5）选择包含启动文件的文件夹，然后单击 OK 按钮。

（6）选择需要的文件夹的复选框和启动文件，如图 5-21 所示。

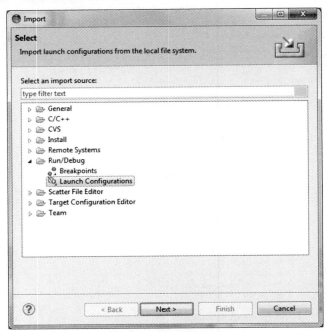

图 5-20　导入配置对话框

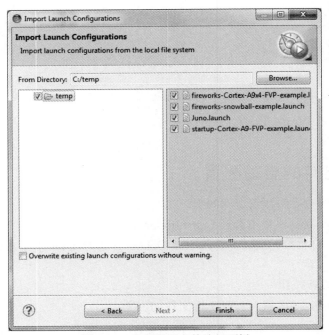

图 5-21　启动配置文件选择面板

（7）如果用一个相同的名字代替一个已经存在的配置，则选择 Overwrite existing launch configurations without warning 复选项。

（8）单击 Finish 按钮完成配置的导入。

5.7 断开目标对象连接

在调试控制视图中单击 Disconnect from Target 工具栏图标，或者在命令行窗口的命令行中输入 quit 并按回车键或单击 Submit 按钮，可实现从调试目标对象断开连接。

第 6 章

控制程序的运行

本章主要介绍当某事件发生或某种条件满足时如何停止目标程序的运行。

6.1 加载镜像文件到调试目标

在开始调试镜像文件前，必须加载这些镜像文件到调试目标上。在调试目标上加载的文件必须和本地主机上的文件一致。代码的布局必须相同，但在调试目标上的文件需要更多的调试信息。

在连接建立后，可以手动加载镜像文件到调试目标，也可以通过配置调试器连接完成自动加载。一些目标连接不支持文件加载操作，这时相关的菜单选项就会失效。

在连接建立后，也可以使用调试控制菜单中的 Load 命令来加载所需的调试文件，文件加载对话框如图 6-1 所示。

文件的加载主要有以下几个选项：

- Load Image Only：加载应用程序镜像文件到调试目标。
- Load Image and Debug Info：加载应用程序镜像文件到调试目标，并且从这个镜像文件中加载调试信息到调试器。
- Load Offset：指定在镜像文件中的所有地址都增加的一个十进制或十六进制偏移，十六进制偏移的前面必须加上 0x 前缀。

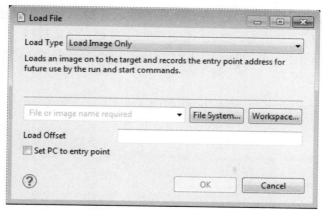

图 6-1　文件加载对话框

● Set PC to entry point：在加载镜像文件或调试信息时，把 PC 的指针指定到程序的入口，以使代码从最开始的地方执行。

6.2　加载调试信息到调试器

一个可执行的文件镜像包含符号引用，如应用程序代码和数据、函数和变量名。这些符号引用通常被称为调试信息。若没有这些调试信息，调试器将无法在源代码级别进行调试。

要在源代码级调试应用程序，镜像文件和共享的目标文件在编译时就必须带上调试信息和合适的优化选项。例如，当使用 ARM 或 GNU 编译器编译时，可使用如下编译选项：

-g　　-O0

镜像被加载时没有加载调试信息，它们是单独分开的行为。典型的加载过程如下：

（1）加载主应用程序镜像。

（2）加载共享的目标对象文件。

（3）加载用于主应用程序镜像文件的符号。

（4）加载用于共享目标文件的符号。

调试信息的加载会增加内存的消耗和占用较长的时间。为了减小这些资源消耗，调试器采取递增式加载所需的调试信息，这也被称为按需加载。有一些行为，如列出镜像文件中所有的符号、加载额外的数据到调试器等，会造成系统一定的延时。调试信息的加载可随时发生或需要时才加载，所以需要保证调试器可一直访问镜像文件，并且在调试会话时不要改变。

镜像文件和共享目标文件可以预先加载到调试目标，比如一个 ROM 设备里的镜像文件或一个 OS-aware 的目标。相应的镜像文件和任何共享目标文件必须都包含调试信息，并且从本地主机能够访问。然后可以配置一个连接到调试目标，只从这些文件中加载调试信息。在调试配置的文件标签中使用 Load symbols from file 选项作为合适的调试目标环境，如图 6-2 所示。

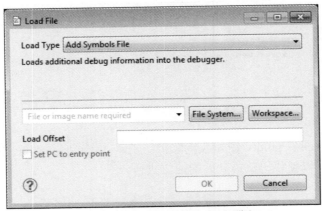

图 6-2　加载额外调试信息对话框

连接到调试目标后，也可以使用查看菜单进入调试控制视图，单击 Load 命令加载要求的文件。主要有以下几种加载调试信息选项：

- Add Symbols File：加载额外的调试信息到调试器。
- Load Debug Info：加载调试信息到调试器。
- Load Image and Debug Info：加载应用程序镜像文件到调试目标上，并且从这个镜像文件中加载调试信息到调试器。
- Load Offset：指定在镜像文件中的所有地址都增加的一个十进制或十六进制偏移，十六进制偏移的前面必须加上 0x 前缀。
- Set PC to entry point：在加载镜像文件或调试信息时，把 PC 的指针指定到程序的入口，以使得代码从最开始的地方执行。

镜像文件或共享目标文件中的调试信息还包括编译的源代码路径。在镜像文件或共享目标文件中，当程序在某个地址停止执行时，调试器会尝试去打开对应的源文件。如果该路径不存在或要求的文件找不到，这时就必须告诉调试器源代码存放在哪里，方法是通过设置替代规则将从镜像文件中获得的路径关联到主机可访问到所需的源文件路径。

6.3　关于传递参数到 main()

DS-5 调试器可以通过以下方式将参数传递给 main() 函数：

- 使用调试配置对话框中的 Arguments 标签。
- 在命令行（或脚本）中使用以下任何一种：

```
set semihosting args <arguments>
run <arguments>
```

> **注意**
>
> 在裸机系统调试时，如果要使用这些功能，必须使能半主机（Semihosting）的支持。

6.4 运行镜像文件

描述如何运行一个应用程序镜像文件以使你可以监视程序在调试目标上的执行。

选择 **Run→Debug Configurations** 命令，使用调试配置对话框建立一个连接并且定义连接建立后调试器的运行控制选项。连接建立后，可以使用调试控制视图中的工具条图标来控制调试会话。

6.5 断点和监视点

使用断点和监视点可以在发生某种事件或满足某种条件的时候停止调试目标。一旦程序停止了执行，就可以查看内存、寄存器和变量的值，也可以指定在程序恢复执行前的其他一些行为。

1. 断点

断点可以使程序在运行到指定的地址时停止。一个断点始终是跟特定的内存地址有关的，不管那个地址里存放的是什么。当程序运行到断点位置时程序执行停止，直到那个地址存放的指令被执行了。

总体来说，有如下一些断点可以设置：

- 当特定的指令在特定的地址执行时触发的软件断点。
- 当处理器尝试执行从一个特定的内存地址获取的指令时触发的硬件断点。
- 当表达式的值为真或当计数器达到要求的值时触发的条件断点。
- 当遇到断点后随即被删除的临时软件或硬件断点。

可以根据如下情况设置断点类型：

- 内存区域和相关的访问属性。
- 目标处理器提供的相关硬件支持，包括：
  - ➤ 用于维持调试目标连接的调试接口。
  - ➤ 调试 OS-aware 应用程序时的运行状态。

2. 监视点

监视点类似于断点，但监视点监视的是被访问数据的内存地址或值，而不是从特定地址执行的指令。指定一个寄存器或内存地址与要调试位置的内容联系起来。监视点有时也称为数据断点，更强调了它们与数据的依赖关系。当程序访问到你所监视的地址时，程序就停止执行。

可设置的监视点类型主要有：

- 当特定的内存位置被一种特定的方式访问时触发的监控点。
- 当表达式的值为真或当计数器达到要求的值时触发的监控点。

设置断点和监视点时需要考虑如下因素：

- 可设置的硬件断点数取决于调试目标对象。
- 如果镜像文件在编译时采用了很高的优化选项或包含了 C++的模板，那么在源代码中设置断点的效果就取决于在何处设置。比如，如果在内联函数或 C++模板里设置断点，那么这个函数或模板的每个实例都会创建一个断点，因此调试目标就有可能把断点资源全用光。
- 使能内存管理单元 MMU 可能会把一块内存区域设置成只读，如果这块内存区域包含了软件断点，那么这个软件断点就不能被移除，所以在使能 MMU 之前要确保软件断点已经被清除了。
- 监视点仅支持全局或静态数据符号，因为这两种数据总是在作用范围内。对局部变量而言，当离开执行函数后它就不存在了。
- 有些调试目标并不支持监视点。目前只能在使用了硬件调试适配器的硬件目标上才可以使用监视点。
- 触发监视点的指令地址有可能跟 PC 寄存器中的值不一样，这是因为处理器的流水线影响。
- 当调试使用共享目标文件的程序时，当共享的目标文件被卸载的时候，设置在共享目标文件内的断点会被重新评估。那些能被找到的地址上的断点会被重新置上，剩下的就会变成悬而未决。
- 如果通过函数名设置断点，那么仅在已被要求加载的内联实例内建立。

6.5.1 设置或删除执行断点

调试器可以根据所调试目标的内存属性来设置软件或硬件断点。

软件断点是由调试器来实现的，调试器将断点地址的指令用一个特殊的指令操作码来替代。由于调试器需要对应用内存的写权限，所以软件断点只能在 RAM 中设置。

硬件断点是通过监视处理器地址和数据总线的 Embedded ICE 技术实现的。对于仿真模拟的目标对象，硬件断点由仿真软件实现。

设置步骤如下：

- 设置执行断点，双击 C/C++编辑器窗口左侧的标记栏或在反汇编视图窗口中需要设置断点的位置双击。
- 删除断点，双击断点设置的标记处。

图 6-3 所示为断点在 C/C++编辑器、反汇编和断点视图中的显示情况。

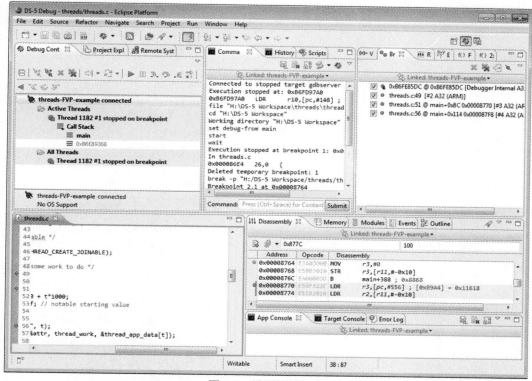

图 6-3　设置执行断点

6.5.2　设置或删除数据监视点

和断点一样，监视点也可以停止调试目标。不管当前是哪个函数在执行，当访问了一个特定变量时，监视点就会停止调试目标的运行。

设置步骤如下：

（1）设置一个数据监视点，在 Variables 视图窗口中，在数据符号上右击并选择 Toggle Watchpoint 命令，弹出 Add Watchpoint 对话框，如图 6-4 所示。

（2）选择所需的 Access Type 类型，然后单击 OK 按钮，完成后可以在变量视图和断点视图窗口中查看到设置的监视点。

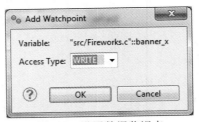

图 6-4   设置数据监视点

要删除数据监视点也非常简单，只需在变量视图窗口中右击监视点并选择 Toggle Watchpoint 命令。

6.5.3   查看数据监视点的属性

数据监视点一旦设置好，就可以查看它的属性，查看监视点属性的方法有以下两种：

● 在 Variables 视图窗口中右击监视点并选择 Watchpoint Properties 命令。

● 在 Breakpoint 视图窗口中右击监视点并选择 Properties 命令。

显示如图 6-5 所示的监视点属性窗口。

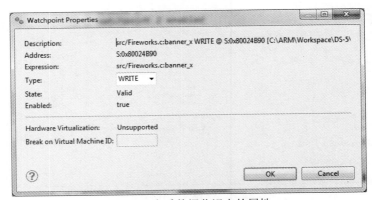

图 6-5   查看数据监视点的属性

通过改变窗口中的 Type 可以更改监视点的类型。如果调试目标还支持虚拟化，则可以通过 Break on Virtual Machine ID 文本框设置一个虚拟的机器 ID，以使监视点只在虚拟机器 ID 相匹配时才停止。

6.5.4   从文件中导入断点设置

使用断点视图可以导入 DS-5 的断点和监视点，这样就可以使用不同空间中创建的断点和监视点。从文件中导入断点的设置步骤如下：

（1）打开 DS-5 的调试视图窗口，从查看断点的菜单栏中选择 Import Breakpoints。

（2）在弹出的对话框中单击 Browse 按钮，选择包含断点设置的文件。

（3）单击 Open 按钮进行导入。

6.5.5　导出断点设置到文件

使用断点视图可以把设置好的 DS-5 断点和监视点导出到文件，这样可以使它们在不同的工作空间中使用。详细设置步骤如下：

（1）打开 DS-5 的调试视图窗口，从查看断点的菜单栏中选择 Export Breakpoints。

（2）在弹出的对话框中选择文件的存放路径和文件名。

（3）单击 Save 按钮保存，导出完成。

6.6　条件断点的使用

条件断点是一种拥有可设置条件属性，满足一定条件才触发的断点。例如使用条件断点，可以：

- 测试一个变量是否满足一个给定的值。
- 让某个函数执行给定的次数。
- 只在特定的线程或处理器上才触发。

当程序执行时，它检测所指定的条件，一旦条件满足，调试目标就停止执行，不满足时则继续执行。

> **注意**
> - 条件断点是侵入性的，如果条件经常满足，调试器就会在每次满足时都停止执行，这样会降低系统的性能。
> - 不能给拥有子断点的断点配置脚本，否则调试器会尝试让每个子断点都运行脚本，这样就会产生错误。

在一行拥有多条语句的源代码上设置断点，会被设置成属于父断点的子断点。使能、查看子断点的属性和单条语句时设置的断点是一样的。条件断点设置时，条件只设置给上一级的断点，所以对父断点和子断点都会有影响。

6.6.1　设置条件断点时的考虑因素

在一个断点上设置多个条件时，需要考虑以下因素：

- 如果设置停止条件和忽略计数器（Ignore Count），那么直到停止条件满足前忽略计数器都不会自减。例如，在一个被变量 c 控制并有 10 次迭代运算的循环里有一个断点，如果设置成停止条件为 c==5 并且忽略计数器为 3，那么直到在第 4 次运行时满足 c==5 之前，断点处都不会停止。在这之后只要满足 c==5 时断点都会停止。

- 如果在选定的线程或处理器上设置断点，那么停止条件和忽略计数器只在选定的线程和处理器上检查。
- 条件的判断是按照以下顺序：
  - 线程或处理器
  - 条件
  - 忽略计数器

6.6.2　给已有断点设置条件

通过使用断点属性对话框中的可选项可以给一个指定的断点设置不同特定的条件，比如可以设置断点给指定的线程或处理器；当选定的断点触发时运行脚本；延时触发断点；给一个指定断点设置特定的条件表达式。

具体设置步骤如下：

（1）在断点的视图窗口中选择需要更改的断点。

（2）右击并选择 Properties 命令，弹出设置断点属性的对话框。

（3）默认断点是对所有的线程都有效，但可以通过更改属性来严格限制它只使用于指定的线程，如图 6-6 所示。

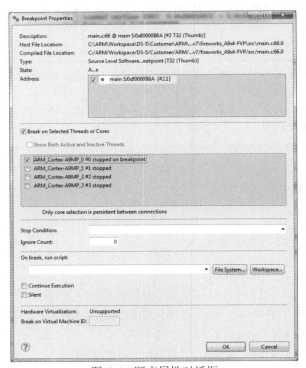

图 6-6　断点属性对话框

1）选择 Break on Selected Threads or Cores 复选项，查看和选择某个线程。

2）在需要设置的线程前打上钩。

（4）如果需要给指定断点设置条件表达式，那么在 Stop Condition 中输入 C 语言格式的表达式。例如你的应用程序有一个变量 x，那么可以设置表达式为 x==10。

（5）如果需要调试器延时触发断点直到其达到一个指定的值，那么在 Ignore Count 中输入忽略的数字。例如有一个 100 次的循环，但只希望在循环 50 次后才开始触发断点，那么请输入 50。

（6）如果想在断点触发时运行脚本，那么在 On break, run script field 中指定脚本文件，单击 Workspace 按钮从工作空间中找到相关脚本文件，或单击 File System 按钮从工作空间外的本机中寻找。如果想让调试器在完成所有断点行为后自动继续运行程序，那么选中 Continue Execution 复选项，或者通过在脚本文件的最后输入 continue 命令。

（7）单击 OK 按钮保存所有设置。

6.7　关于挂起断点和监视点

当调试信息可以获得时通常都可以设置断点和监视点，但是挂起的断点和监视点可实现在相关的调试信息获取前就设置断点和监视点。

调试信息一旦改变，调试器会自动重新评估所有的挂起断点和监视点。那些能和地址匹配上的断点和监视点就会被置上，其他的就会被挂起。

在断点视图窗口中可以强制改变挂起的断点和监视点。这样对手动改变了共享库的搜索路径时会有好处，方法如下：

（1）右击需要改变的断点或监视点。

（2）单击 Resolve 按钮，尝试寻找地址并设置断点或监视点。

可以通过 advance、awatch、break、hbreak、rwatch、tbreak、thbreak 和 watch 等命令加上 -p 选项手动设置挂起的断点或监视点。可在 DS-5 的命令行窗口中输入命令，如下例所示：

```
break -p lib.c:20          #在 lib.c 文件的第 20 行设置一个挂起断点
awatch -p *0x80D4          #在地址 0x80D4 设置一个读/写挂起监视点
```

6.8　设置跟踪点

跟踪点是应用程序运行时用来触发跟踪信息抓取行为的一个内存位置。当处理器在指定的地址执行了指令时就命中了跟踪点。跟踪点可以通过以下方式设置：

● ARM 汇编编辑器
● C/C++编辑器

- 反汇编视图
- 函数视图
- 内存视图
- 跟踪视图中的反汇编控制面板

要设置一个跟踪点，在需要设置跟踪的代码的左侧栏中右击并选择 Toggle Trace Start Point、Toggle Trace Stop Point 或 Toggle Trace Trigger Point。要移除跟踪点，请重复以上步骤或在断点视图窗口中删除。

跟踪点的存储是基于连接的。连接一旦断开，那么跟踪点就只能从源代码的编辑窗口中设置。

所有的跟踪点都会在断点视图窗口中显示。

6.9　设置 Streamline 的开始和停止点

Streamline 的开始和停止点是源代码中用来使能或禁用 Streamline 抓取应用程序数据的位置。当处理器在指定的地址执行了指令时就命中了 Streamline 的开始或停止点。

通过以下两种方式可以设置 Streamline 的开始和停止点：

- ARM 汇编编辑器
- C/C++编辑器

要设置 Streamline 的开始和停止点，在需要设置的代码的左侧栏中右击并选择 DS-5 Breakpoint 中的 Toggle Streamline Start 或 Toggle Streamline Stop。若要移除，则在同一位置重复这一步骤。

6.10　单步调试

调试器通过在源代码级或指令级单步顺序执行可精确地控制镜像文件的运行。当然这需要在代码编译时添加上调试信息的支持，比如加上-g 选项。

程序的单步调试有多种方式，如下：

- 进入或跨过程序调用。
- 在源代码级或指令级。
- 通过一行源代码中的多条语句，如 for 循环。

需要明确的一点是，当在源代码级进行单步调试时，调试器使用临时断点在指定的位置停止程序的执行。这些临时断点可能需要使用到硬件断点，尤其是当代码在 ROM 或 Flash 中执行时。当没有硬件断点可使用时，调试器就会提示错误信息。

可通过调试控制视图中的单步调试工具栏实现对源代码级或指令级的单步调试，如图 6-7 所示。

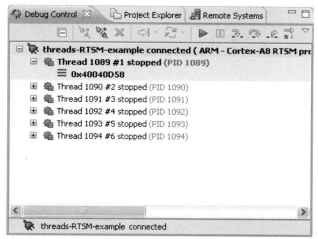

图 6-7　调试控制视图

如果需要执行指定的数量，则需要在命令行视图中手动输入带上数量的单步调试命令，比如：

```
steps 5      #执行 5 条源代码语句
stepi 5      #执行 5 条指令
```

6.11　处理 UNIX 信号

对于 Linux 应用程序，ARM 处理器有能力处理 UNIX 的信号，可通过在调试器断点视图中选择 Manage Signals 或使用 handle 命令实现。info signals 命令可以显示当前的信号处理设置。

默认的信号处理配置跟调试的类型有关，例如调试 Linux 内核时默认是所有的信号都被处理，如图 6-8 所示。

> **注意**
>
> 信号 SIGINT 和 SIGTRAP 不能和其他信号一样调试，因为这两个信号分别被调试器用来异步停止进程和断点执行。

假如想让程序忽视一个信号，但是要在触发时记下事件的日志信息，这时需要使能信号的停止。在下面这个例子中，SIGHUP 信号发生造成调试器停止并打印一条消息，使用这个配置时没有异常信号程序被调用，并且所调试的程序忽视这个信号并继续执行。

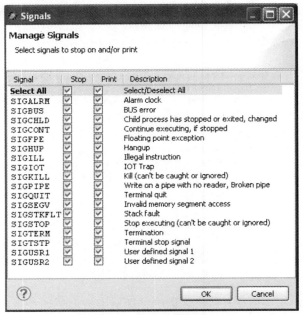

图 6-8　信号处理配置管理

忽视 SIGHUP 信号：

handle　SIGHUP　stop　print　　#在 SIGHUP 信号上使能停止并打印

　　下面的例子介绍如何调试一个信号程序。必须设置成禁止信号的停止，然后在信号的句柄处设置一个断点。调试一个 SIGHUP 的信号：

handle　SIGHUP　nostop　print　　#在 SIGHUP 信号上禁止停止并打印

6.12　处理器异常处理

　　ARM 处理器通过跳转到一个被称为异常向量的固定地址来处理异常事件。除了 SVC 这个管理模式外，其他所有的异常都不是正常程序的流程，是因为软件的 bug 造成了不可预知的现象。所以大部分的 ARM 处理器都包含了一个向量捕捉功能来跟踪这些异常。这对裸机系统或项目的早期开发阶段非常有用。操作系统的执行可能或为正当的目的而使用这些异常，如虚拟内存。

　　使能向量的捕捉功能，效果和在选定的向量表的入口设置断点是类似的，除非这个向量捕捉使用了处理器的特定硬件并且不使用完宝贵的断点资源。在调试器中，可通过断点视图菜单中的 Manage Signals 或使用 handle 命令来管理向量的捕捉，如图 6-9 所示。info signals 命令可以显示当前处理程序的设置。

　　如果想让调试器在异常发生时捕捉异常、记录事件的日志并且停止程序执行，就必须在异常处使能停止功能。下面这个例子就介绍 NON-SECURE_FIQ 异常发生造成调试器停止并打印消息，然后就可以单步或直接进入到异常处理程序。

调试异常处理程序：

handle NON-SECURE_FIQ stop　　#在 NON-SECURE_FIQ 异常时停止并打印

如果想让异常调用处理程序但不停止，则必须禁止异常的停止。

忽视一个异常：

handle NON-SECURE_FIQ nostop　　#在 NON-SECURE_FIQ 异常时不停止

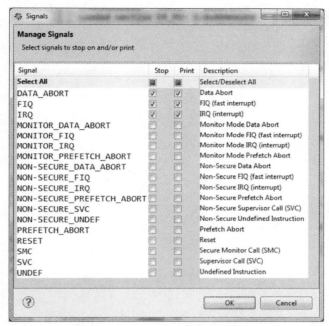

图 6-9　异常向量的配置管理

6.13　配置调试器路径替代规则

调试器在加载完调试信息后有可能无法找到源代码文件，主要原因有：

● 调试信息中指定的路径在工作主机上并不存在，或者那个路径中没有所需的
文件。

● 工作主机上的源文件存放位置和镜像文件中包含的调试信息不一致，而调试器
默认使用和镜像文件一样的路径。

因此，就必须在调试器执行任何命令或查找并显示源代码时更改其搜索路径。更改
搜索路径的步骤如下：

（1）打开路径替代对话框。单击图 6-10 所示调试控制视图中的下箭头 ▽，如粗线
方框所示，选择 Path Substitution，弹出如图 6-11 所示的对话框。

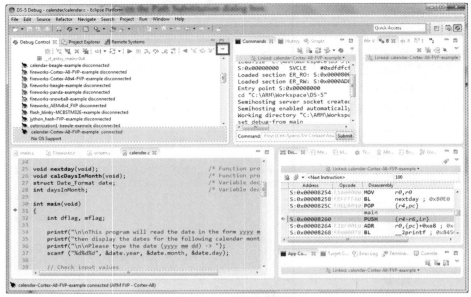

图 6-10　调试控制视图

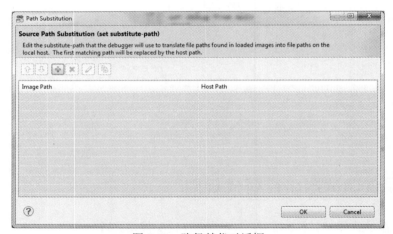

图 6-11　路径替代对话框

（2）在弹出的对话框中根据实际情况选择添加、编辑或复制替代规则。

1）在 Image Path 栏中输入或通过 Select 按钮选择源代码的原来路径。

2）在 Host Path 栏中输入源代码的当前实际位置。

（3）单击 OK 按钮。

（4）如有必要，可通过图 6-12 所示的路径替代规则对话框更改替代规则的顺序，或者删除不需要的替代规则。

（5）单击 OK 按钮把设置好的替代规则传给调试器。

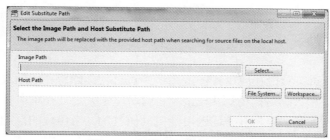

图 6-12　替代路径编辑对话框

6.14　程序调用 stack

程序调用或程序运行的 stack 是一块用来存储函数返回信息和局部变量的内存区域。每个函数被调用时就会在调用的 stack 上创建一个记录。这个记录常被称为 stack 帧。

- 当函数执行完后，相关的 stack 帧就会从调用的 stack 上移除，调试器就不能再观察到这部分数据信息了。
- 如果程序调用的 stack 包含了没有调试信息的函数，那么调试器有可能不能往后查看调用的 stack 帧，因此就必须让所有代码编译时都带上调试信息。

当调试多线程应用时，每一个线程都会维护一个单独的调用 stack。

DS-5 调试视图中显示的是当前 stack 帧的信息，在调试窗口中以粗体字体显示，如图 6-13 所示。

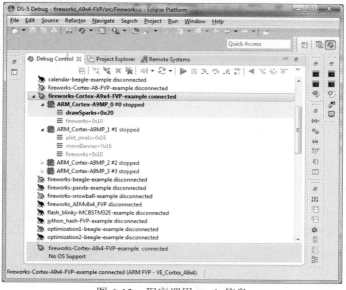

图 6-13　程序调用 stack 信息

6.15　代码跟踪

ARM DS-5 调试工具能在应用程序或系统中进行代码跟踪。代码跟踪实现了非侵入性的实时获取指令和数据访问的历史信息，它的功能强大之处在于可在处理器全速运行的情况下用来检测问题，因为有些问题可能是间歇性的，用传统的控制处理器停止和启动等行为很难调试。代码跟踪对于定位潜在的瓶颈或提高系统中关键模块的性能也是非常有效的。

要让调试器能在程序运行时使用代码跟踪的功能，必须至少满足：

● 有一个像 DSTREAM 那样的硬件调试工具。

● 硬件调试工具连接了调试器和调试目标。

（1）跟踪硬件。

跟踪这个功能主要是由连接在处理器上的外部模块 ETM（嵌入式跟踪宏单元）或 PTM（程序跟踪宏单元）提供，这两个模块在基于 ARM 架构的系统中是可选的。芯片设计人员有时从降低成本考虑，会不把这些模块集成到芯片中。这些模块观察但不影响处理器的运行，能监测处理器上的指令执行和数据访问。

（2）跟踪范围。

跟踪范围可以用来限制线性内存区域的代码捕捉。跟踪范围在虚拟内存中有一个起始和结束地址，在这个地址区域内执行的任何代码都会被捕捉。跟踪范围的数量设置跟所调试的硬件平台相关。

如果没有设置任何跟踪范围，则系统默认使能了跟踪捕捉；如果设置了跟踪范围，那么跟踪捕捉功能默认是关闭的，只当运行到定义的范围时才使能这个捕捉功能。

通过 Trace 视图窗口可以配置跟踪范围，起始地址和结束地址可以使用绝对地址或表达式，如函数名。由于编译器优化时会重排和优化代码，所以通过代码跟踪捕捉可能会捕捉到一些不太一样的代码。

（3）跟踪点。

跟踪点可以实现精确地控制代码捕捉的时机。跟踪点是非侵入性的，不会打断处理器的运行。

在 DS-5 中，可通过以下几种方式来设置跟踪点：

● 在源代码视图中设置跟踪点，在窗口边缘处右击并从 DS-5 Breakpoints 中选择所需的功能选项。

● 在反汇编视图中设置跟踪点，在指令代码处右击并从 DS-5 Breakpoints 中选择所需的功能选项。

（4）跟踪起始点。

当程序运行到设定的地址时使能跟踪捕捉。

（5）跟踪结束点。

当程序运行到设定的地址时停止跟踪捕捉。

（6）跟踪触发点。

在跟踪中标记这个点，这样就更容易在跟踪视图中查看到。

跟踪点没有嵌套功能。比如你设置了两个跟踪起始点，然后紧跟着两个跟踪结束点，那么跟踪捕捉功能会在到达第一个结束点时立即停止，而不会是第二个。

如果没有设置任何跟踪点，则系统默认使能了跟踪捕捉；如果设置了跟踪点，那么跟踪捕捉功能默认是关闭的，只当运行到第一个起始点时才使能这个捕捉功能。

跟踪触发点可以对感兴趣的位置作标记，这样就能很方便地在跟踪视图中查看。触发点第一次碰到时，事件触发的记录被插入到存放跟踪代码的缓存中，而且默认只有第一次才被记录。要配置调试器在碰到跟踪触发点时停止收集数据，需要选中 Trace 跟踪视图中的 Stop Trace Capture On Trigger 复选项，使用 Trace 跟踪视图中的 Post-Trigger Capture Size 可以配置跟踪触发点前后的代码跟踪数量，如下：

- 0%：当碰到第一个触发点时就停止跟踪捕捉。触发的事件记录可在跟踪缓存的最后面找到。
- 50%：当碰到第一个触发点并且再另外填满了跟踪缓存的 50%时就停止跟踪捕捉，触发的事件记录可在跟踪缓存的中间找到。
- 99%：当碰到第一个触发点并且再另外填满了跟踪缓存的 99%时就停止跟踪捕捉，触发的事件记录可在跟踪缓存的起始处找到。

第 7 章

调试嵌入式系统

本章主要介绍嵌入式系统的调试方法。

7.1 调试访问 AHB、APB 和 AXI 总线

ARM 的硬件系统设计使用总线连接处理器、内存和外设。常见的 ARM 总线类型有 AMBA 高速总线 AHB、高级外设总线 APB 和高级扩展接口总线 AXI。

在大多数系统设计中，这些总线可通过调试接口来访问，在调试裸机系统或 Linux 内核时，DS-5 调试器可通过调试接口访问到这些总线。总线以额外的地址空间暴露给调试器，可在处理器运行时访问。

使用 DS-5 调试过程中，通过 info memory 命令显示当前可用的总线，这个命令输出结果的地址和描述栏解释了每个地址空间代表的意义和调试器是如何访问的。

在调试器中输入地址或表达式时，为访问这些总线可在前面加上 AHB:、APB:或 AXI:等前缀。例如，假设调试器提供了一个 APB 的地址空间，那么可以使用以下命令方式打印 APB 总线 0x0 地址的信息：

```
x/1    APB:0x0
```

每个地址空间都有大小，这里的大小指的是组成地址的比特位数。在嵌入式和低端设备系统中常见的地址空间大小为 32 位，高端的系统需要更多的内存，会使用超过 32 位的大小。比如有些基于 ARMv7 架构的系统（如 Cortex-A15）会使用 LPAE（大物理地址扩展）技术把 AXI 总线上的物理地址扩展到 40 位，虽然处理器的虚拟地址还是 32 位。

总线的拓扑结构和连接到调试接口的方式完全取决于你所使用的系统。通常来说，调试器通过调试接口访问这些总线时绕过处理器，所以无须考虑内存的映射和处理器内部的缓存 Cache。到底是在系统中的其他缓存如 L2 或 L3 的之前还是之后访问总线完全取决于系统的设计。当访问这些总线时，调试器并不会尝试处理或完成缓存间的一致性（Cache Coherency），所以就需要开发者考虑并在需要时手动清或刷缓存。

例如，在一个使能了 L1 缓存的处理器上调试并且要获得缓存的一致性，那么必须在修改使用 AHB 总线地址空间的任何程序代码或数据前清除并使相关的 L1 缓存部分无效。这确保缓存中的已做修改部分在写地址空间前都写到了内存，并且处理器能在程序恢复执行时读到正确的数据。

7.2 关于虚拟和物理地址

包含了内存管理单元 MMU 的处理器系统提供了虚拟和物理这两种内存查看方式。虚拟地址是在 MMU 地址转换前的地址，物理地址是在 MMU 转换后的地址。调试器通常使用虚拟地址访问内存，但是如果 MMU 被禁止了，那么内存映射就是扁平的，虚拟地址和物理地址是一样的。可在地址前加上前缀 P:来强制调试器使用物理地址，例如：

```
P:0x8000
P:0+main          #创建一个以 main 函数为偏移的物理地址
```

如果处理器包含了 TrustZone 技术，那么访问时就会涉及到正常区域和安全区域，每个都有它自己的虚拟和物理地址映射。那样不能使用前缀 P:了，而是在正常区域的物理地址要使用 NP:，在安全区域的物理地址要使用 SP:前缀。

> **注意**
>
> 并不是所有的操作都可以使用物理地址。比如 ARM 硬件就不能使用物理地址来设置断点。
>
> 当通过物理地址访问内存但没有刷缓存时，通过物理地址和虚拟地址查看的结果可能会不一样。

7.3 调试管理程序

支持虚拟化扩展的 ARM 处理器在一个管理程序的管理下可运行多个客户操作系统。管理程序是一个管理客户操作系统、控制硬件访问的软件。

DS-5 调试器支持基本的裸机管理程序调试。当连接到支持虚拟化扩展的处理器时，调试器能区分管理程序和客户内存，能设置仅应用于管理程序模式或指定的客户操作系统的断点。

管理程序通常为自己，也为每个客户操作系统提供单独的地址空间。除非被通知，调试器访问的所有内存都发生在当前的上下文中。如果程序在管理模式下停止,那么内存访问使用的是管理模式的内存空间;如果停止在客户操作系统,那么内存访问使用的就是客户操作系统的内存空间。若要强制访问一个特定的地址空间,对于管理程序必须在地址前加上前缀 H:,对于客户操作系统必须在地址前加上前缀 N:。注意,只能访问当前被调度运行在管理程序范围内的客户操作系统的地址空间,不能随便指定访问不同的客户操作系统。

类似地,可以使用相同的地址前缀配置软硬断点以匹配管理程序或客户操作系统。如果不使用地址前缀,那么断点应该用断点第一次设置的地址空间。如果在管理程序和客户操作系统共享的内存中设置一个断点,那么断点就存在错误模式下触发的可能性。在这种情况下,调试器可能就不能被识别并在断点处停下来。

对硬件断点而言,能配置它们和指定的客户操作系统相匹配,但不适用于软件断点。这个特点是当一个指定的客户操作系统在运行时靠使用架构上称为虚拟机器 ID(VMID)的寄存器来识别。管理程序负责在 VMID 寄存器中设置唯一的 VMID 值,并将 VMID 值分配给每个客户操作系统。在使用该特色功能时,需要理解 VMID 与要调试的每个客户操作系统是关联的。假设 VMID 是已知的,在断点视图中可设置断点应用到 VMID 上,或是使用 break-stop-on-vmid 命令来设置。

当调试一个运行了多个客户操作系统的系统时,可以使用 set print current-vmid 在控制台收集当调试器停止或当前的 VMID 值改变时的通知信息,也可以在 DS-5 的脚本里使用$vmid 调试变量来获取 VMID 的信息。

7.4　调试 big.LITTLE 大小核系统

ARM 的大小核系统设计是为了在各种不同的工作量下在系统的高性能和低功耗间做很好的平衡。它一般包括一个或多个高性能的处理器和一个或多个低功耗的处理器。系统通过在处理器间转移工作量来达到设计目标。

大小核的系统通常都是配置成对称多处理器 SMP 模式。操作系统或管理程序控制在给定的时间哪个处理器上电和掉电,同时帮助工作任务在处理器间转移。

对于大小核技术的裸机系统调试,可以使用 DS-5 调试器创建一个 SMP 的连接,这样系统里所有的处理器都在调试器的控制之中。调试器监视每个处理器的运行和电源状态,并且在调试控制视图或命令行中显示。对于掉电的处理器,调试器可以看到它已掉电,但不能去访问。

对于大小核的 Linux 应用程序调试,可以使用 DS-5 调试器创建一个 gdbserver 的连接。Linux 应用程序通常不知道它究竟是运行在大核上还是小核上,因为这被操作系统屏蔽了。所以通过调试器调试在大小核系统上的 Linux 应用程序和其他系统相比并没有区别。

7.5 调试裸机对称多处理系统

DS-5 调试器支持调试裸机对称多处理（SMP）系统。调试器要求 SMP 系统满足以下条件：

- 运行在所有处理器上的 ELF 镜像文件是相同的。
- 所有的处理器都要有相同的调试硬件，比如硬件断点和监视点资源数必须相同。
- 断点和监视点必须仅仅在所有处理器用于相同内存映射区域内设置，包括物理和虚拟内存。一般认为映射到同一地址相同外设的不同实例的处理器是符合这种要求的，比如 ARM 多核处理器的私有外设情况。

（1）配置和连接。

要让调试器支持 SMP 调试，必须先在调试配置对话框中配置一个调试会话，支持 SMP 调试的目标在调试操作的下拉列表中列出的有 SMP 标识。

在调试器中使能 SMP 的调试功能，所有要做的工作就是配置一个简单的 SMP 连接。一旦连接，在调试控制视图中就可以调试系统中所有的 SMP 处理器了。

（2）镜像文件和符号的加载。

当调试一个 SMP 系统时，镜像文件和符号加载操作应用于所有的 SMP 处理器。对于镜像文件加载，这意味着镜像文件的代码和数据通过一个处理器写一次内存，并且其他的处理器可访问相同的地址，因为它们共享这一内存。对于符号加载，这意味着加载一次调试信息，任何处理器都可以在调试时访问这些调试信息。

（3）运行、停止和单步执行。

当调试 SMP 系统时，尝试运行一个处理器会自动启动系统中所有的其他处理器。类似地，当停止一个处理器时（或者因为你要求它停止或碰到类似触发断点等事件），系统中的所有处理器都停止。

对于指令级的单步执行如 stepi 或 nexti 等命令，当前选定的处理器单步运行一条指令。例外情况是当 nexti 操作需要跨过一个函数调用时，调试器就设置一个断点，然后运行所有的处理器。其他的单步执行命令都影响所有的处理器。

在一个处理器运行或停止到另一个处理器运行或停止之间可能会存在延时，这取决于所调试的系统。这个延时有时会比较大，因为调试人员可能需要单个手动运行和停止所有处理器。

在极少数的情况下，一个处理器可能停止而另外的一个或多个没能做相应的响应停止。例如在安全模式下运行代码的处理器暂时禁止了调试的功能。如果发生这种情况，调试控制视图会显示每个处理器的状态，因此能知道哪个处理器没有停止。在所有处理器停止之前运行的单步执行可能就不能正确地执行。

（4）断点、监视点和信号。

默认情况下，当调试一个 SMP 系统时，所有的处理器都要用到断点、监视点和信号（矢量捕获），这意味着你设置了一个断点，当任何一个处理器运行代码达到满足条件时都会触发这个断点。当调试器由于一个断点、监视点或者信号而停止时，在命令视图窗口中会列出引起事件的清单。

通过选择相关的属性对话框可以为一个或多个处理器配置断点和监视点。另外，也可以使用 break-stop-on-cores 命令。这个特色功能对信号无效。

（5）检查目标状况。

观察调试目标的状态，包括寄存器、堆栈、内存、反汇编、表达式和变量，包含了指定到一个处理器上的内容。

在 SMP 系统中，不管当前哪个处理器被选定，观察被多个处理器共享的断点、信号、命令，都显示相同的内容。

（6）跟踪。

当使用了带跟踪功能连接的时候，可以查看系统中每个处理器的代码执行踪迹。默认情况下，跟踪视图显示调试视图中选定的处理器踪迹。也可以通过在相应的跟踪视图中使用 Linked:contex 工具条选项连接跟踪视图到一个具体的处理器。创建多个连接到指定的处理器的跟踪视图能从多个处理器中同时查看跟踪。对不同的处理器，跟踪视图索引不必表示相同的时间点。

7.6 调试多线程应用程序

调试器使用调试器变量 $thread 追踪当前线程。可以在打印命令或表达式中使用这个变量。线程在调试控制视图中以一个被调试器和操作系统使用的唯一 ID 显示，例如：

Thread 1086 #1 stopped (PID 1086)

其中#1 是被调试器使用的唯一 ID，PID1086 是来自操作系统的唯一 ID。

每个线程维持一个独立的 stack，选定的 stack 帧用粗体显示，如图 7-1 所示。在 DS-5 调试视图中，所有的查看显示都与选定的 stack 帧相关联。当选定另外的 stack 帧时，视图就会被更新。

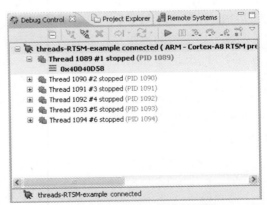

图 7-1　调试控制视图中的线程调用 stack

7.7 调试共享库

共享库使应用程序的一部分在运行时动态地加载,必须保证主机上的共享库与调试目标上的共享库是一样的。共享库的源代码结构必须相同,但在调试目标上的共享库可以不需要调试信息。

在共享库中可以设置执行断点,但应用程序只有在加载了调试信息到调试器后才会加载断点信息,但是挂起断点能在应用程序加载共享库前设置执行断点。

当加载一个新的共享库时,调试器重新评估所有的挂起断点。那些能解析地址的断点被设置成标准的执行断点,不能解析的地址保持为挂起断点。

当应用程序卸载共享库时,调试器自动地修改共享库的任何断点为挂起断点。

可以通过调试配置对话框加载共享库。如果有一个库文件,则可通过 Files 标签使用 Load symbols from file 选项,如图 7-2 所示。

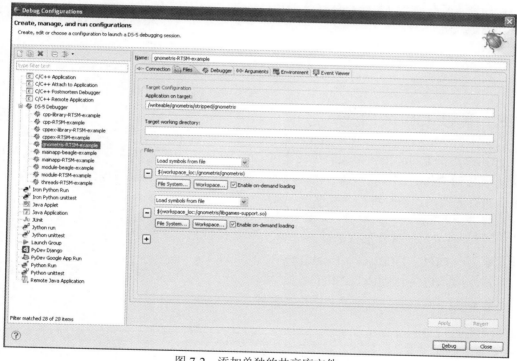

图 7-2 添加单独的共享库文件

另外,如果有多个库文件,当搜索共享库的时候,通过修改调试器使用的路径可能会更加高效。搜索共享库时,可以使用调试器配置对话框中 Debugger 标签的路径面板中的 Shared library search directory 选项,如图 7-3 所示。

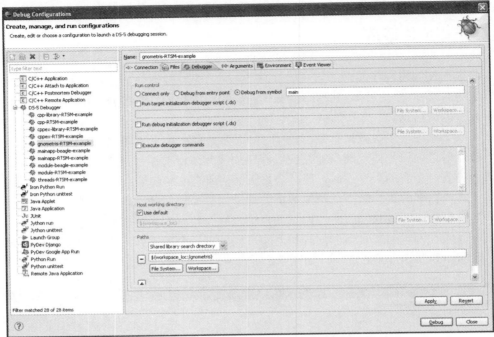

图 7-3　修改共享库文件的搜索路径

7.8　调试 Linux 内核

DS-5 支持 Linux 内核源代码级的调试。调试 Linux 内核（包括相关的设备驱动）和调试标准 ELF 格式的可执行文件的方法是一样的。例如，可以在内核代码中设置断点、单步执行源代码、检查堆栈、观察变量等。

要调试 Linux 内核，必须：

（1）打开以下选项编译内核源代码：

- CONFIG_DEBUG_KERNEL=y
- CONFIG_DEBUG_INFO=y

根据需要调试的类型可能还需要其他选项。

> **注意**
>
> 由于 Linux 内核总是在最优化和使能内联功能的情况下被编译，因此有可能：
> - 由于一些指令可能会被重新排序，单步执行源代码可能不会像期望的那样运行。
> - 一些变量可能被编译器优化掉了，因此调试器不能使用。

（2）加载 Linux 内核到调试目标。

（3）加载内核调试信息到调试器。

（4）按需调试内核。

7.9　调试 Linux 内核模块

Linux 内核模块提供了一个扩展内核功能的方法，非常典型地运用于设备和文件系统驱动中。模块可以被内嵌到内核或者能编译成可加载的模块，然后在开发期间动态地从一个运行内核中插入或移除，而不需要频繁地再编译内核。但是，有一些模块必须被内嵌到内核而不适合于动态加载。一个内嵌到内核中模块的例子如在内核启动时需要的模块，并且该模块必须在根文件系统被加载前可调用。

对调试信息已被加载到调试器中的模块，可在模块中设置源代码级的断点。若在一个模块被加载到内核前尝试设置断点，会导致断点被挂起。

在调试一个模块时，必须确保调试目标上的模块和主机上的是一样的。代码布局必须一致，但在调试目标上的模块可以不需要调试信息。

7.9.1　调试内嵌模块

调试一个已经内嵌到 Linux 内核的模块，调试起来和调试内核本身是相同的。

（1）与模块一起编译内核。

（2）加载内核镜像文件到调试目标。

（3）加载与调试信息相关的内核镜像文件到调试器。

（4）像调试其他内核代码一样调试模块。

内嵌（静态链接）模块难以与其他的内核代码区分，因此它不被 info os-modules 命令列出，也不会出现在 Modules 模块视图中。

7.9.2　调试可加载模块

调试一个可加载模块的过程要更复杂一些。从 Linux 终端 shell 可以使用 insmod 和 rmmod 命令加载和卸载一个模块。内核和可加载模块的调试信息都必须加载到调试器。当加载和卸载一个模块时，调试器自动地为调试信息和现有的断点解析内存位置。在这个过程中，调试器拦截在加载和卸载模块时内核范围内的调用，这会引起少量的延时，同时调试器要停止内核以响应变化的数据结构。详细的调试配置和过程请参照 5.3.3 节。

7.10　调试 TrustZone

ARM TrustZone 是部分 ARM 处理器设计的安全技术，如 ARM 的 Cortex-A 系列处理器。该技术把可执行的区域和资源如内存和外设划分为安全区域和正常区域。

当连接到一个支持 TrustZone 技术的调试目标并且该目标上访问安全区域时，调试器对安全和正常的区域都可以访问。在这种情况下，所有的地址和地址相关的操作都指定到一个特定的区域，这意味着使用的所有与地址或表达式相关的命令都必须指定相应的区域，如 S:0x100，其中 N:表示正常区域里的地址，S:表示安全区域里的地址。

如果在当前区域内指定地址，可以省略这个前缀。

当加载镜像文件和调试信息时，把它们加载到正确的区域是非常重要的。调试启动器并不直接为镜像文件和调试信息提供具体的地址区域。因此，为了取得具体的地址区域，就必须使用脚本命令。调试器面板中的 Debugger 选项卡提供了运行调试初始化脚本或者一个专用的调试器连接命令集合。下面给出一些命令实例：

（1）仅加载镜像文件到正常区域（采用镜像文件中的零地址偏移）：

```
loadmyimage.axf N:0
```

（2）仅加载调试信息到安全区域（采用调试信息中的零地址偏移）：

```
filemyimage.axf S:0
```

（3）同时加载镜像文件和调试信息到安全区域（采用零地址偏移）：

```
loadfilemyimage.axf S:0
```

当一个操作（如加载调试符号或设置断点）需要访问正常和安全区域时，必须做两次操作，一次用于正常区域，另一次用于安全区域。

像$PC 这样的寄存器没有区域的区别。要从一个不在当前区域的寄存器地址访问内存内容，可以使用表达式，如 N:0+$PC。一般而言，这对包含调试信息的表达式是不需要的，因为当表达式被加载时与一个区域已经相关联了。

7.11　调试 UEFI

UEFI（统一的可扩展固件接口）定义了一个控制微处理器系统启动的软件接口。在 ARM 上使用 UEFI 可以控制基于 ARM 设计的服务器和计算设备的启动过程。

DS-5 提供了一整套 UEFI 的开发环境，主要功能有：

- 通过 Eclipse Git 的插件获取到 UEFI 的源代码（此插件可以从 Eclipse 网站上单独下载）。
- 使用 ARM 编译器编译源代码。
- 把编译好的可执行文件加载到软件模型（如 DS-5 中提供的 Cortex-A9x4 FVP 模型）或加载到硬件调试板。
- 使用 DS-5 调试器运行和调试代码。
- 使用 Jython 脚本在源代码级调试动态加载的模块。

下载 UEFI 的源代码和 Jython 脚本，可在你喜欢的搜索引擎中输入 SourceForge.net: ArmPlatformPkg 进行查找。

7.12　关于 Rewind 应用

Rewind 应用是 DS-5 调试器中的一个特色功能，可使 Linux 和 Android 应用程序进行前向和后向调试。

后向调试在定位应用程序如何到达指定的状态时非常有用，它不需要不断地加载程序并让程序重头开始执行。使用 Rewind 这个功能可以全速运行或单步调试，包括处理断点和监视点，也可以查看记录的内存内容、寄存器和变量。

Rewind 应用使用了一个定制的调试代理来记录应用程序的执行，这个调试代理在调试目标上实现了一个缓存用来存放程序运行的历史信息。默认是一个直接缓存区，这样就在达到缓存上限前不断存放数据记录，然后就停止运行。这时，我们可以加大设置缓存的容量，或者把缓存设置成环形缓存。当使用环形缓存时，一旦达到环形缓存的上限，这时候就不是停止运行，而是新记录的数据把老的内容覆盖掉。使用环形缓存可以保证即使到了缓存上限也不会停止运行，但是由于新的数据把老的数据覆盖了，所以会丢掉部分运行的历史信息。

修改缓存的容量，使用命令 set debug-agent history-buffer-size "size"，其中 size 指定了容量的大小，可以指定容量的值为以 K、M 或 G 为单位的字节数，例如：

```
set debug-agent history-buffer-size "256.00 M"
```

要改变缓存的类型，使用命令 set debug-agent history-buffer-type "type"，其中 type 指定了缓存的类型，可以是直接的（straight）或环形（circular），例如：

```
set debug-agent history-buffer-type "circular"
```

7.13　调试内存管理单元 MMU

DS-5 调试器提供了多种调试内存管理单元 MMU 相关问题的特色功能。

内存管理单元是控制虚拟到内存地址转换、访问权限和内存属性的硬件单元。MMU 的配置是通过系统控制寄存器和存储在内存中的转换表。

一个设备可以包含任何数量的 MMU。如果设备设计的 MMU 是级联型的，那么从一个 MMU 的输出地址会成为下一个 MMU 的输入地址。

例如，一个处理器（如 Cortex-A15）含有 ARMv7A 管理程序扩展，包括至少 3 个 MMU。典型的是一个给管理程序用，一个给虚拟化用，另一个给操作系统的正常内存访问使用。当处于管理程序状态时，内存访问的传递只通过管理程序的 MMU。当在正常状态时，内存访问首先通过正常的 MMU，然后通过虚拟化的 MMU。

DS-5 提供了以下功能以方便调试 MMU 相关的问题：

- 将虚拟地址转换成物理地址。

- 将物理地址转换成虚拟地址。
- 查看 MMU 配置寄存器，并且可覆盖这些值。
- 以树结构模式查看页转换表。
- 以表的方式查看虚拟内存布局和属性。

在 DS-5 的图形化界面中可通过 MMU 视图或 mmu 命令来查看以上功能。

7.14　调试缓存 Cache

DS-5 调试器可以查看调试系统的缓存 Cache 的内容，如 L1 Cache 或 TLB Cache。

通过 DS-5 中的 Cache Data 视图或者使用 cache list 和 cache print 命令均可查看到 Cache 相关的信息，如图 7-4 所示。

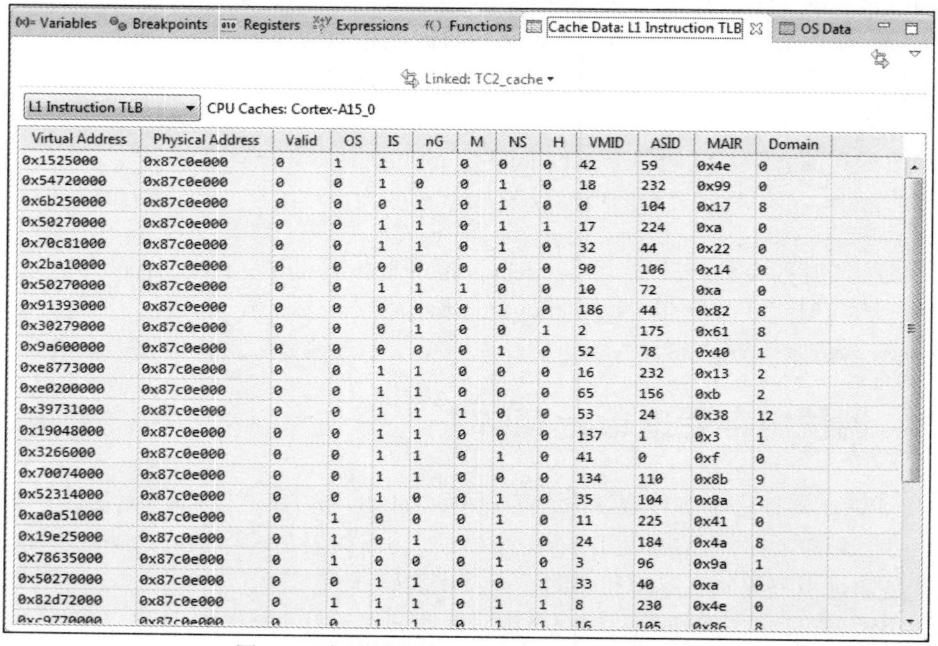

| (x)= Variables | ● Breakpoints | ₀₁₀ Registers | ≋ Expressions | f() Functions | ⊞ Cache Data: L1 Instruction TLB ✕ | ▦ OS Data |

📈 Linked: TC2_cache ▾

| L1 Instruction TLB ▾ | CPU Caches: Cortex-A15_0 |

Virtual Address	Physical Address	Valid	OS	IS	nG	M	NS	H	VMID	ASID	MAIR	Domain
0x1525000	0x87c0e000	0	1	1	1	0	0	0	42	59	0x4e	0
0x54720000	0x87c0e000	0	0	1	0	0	1	0	18	232	0x99	0
0x6b250000	0x87c0e000	0	0	0	1	0	0	0	0	104	0x17	8
0x50270000	0x87c0e000	0	0	1	1	0	1	1	17	224	0xa	0
0x70c81000	0x87c0e000	0	0	1	1	0	1	0	32	44	0x22	0
0x2ba10000	0x87c0e000	0	0	0	0	0	0	0	90	106	0x14	0
0x50270000	0x87c0e000	0	0	1	1	1	0	0	10	72	0xa	0
0x91393000	0x87c0e000	0	0	1	0	0	1	0	186	44	0x82	8
0x30279000	0x87c0e000	0	0	1	0	0	0	1	2	175	0x61	8
0x9a600000	0x87c0e000	0	0	0	0	0	1	0	52	78	0x40	1
0xe8773000	0x87c0e000	0	0	1	1	0	0	0	16	232	0x13	2
0xe0200000	0x87c0e000	0	0	1	0	0	0	0	65	156	0xb	2
0x39731000	0x87c0e000	0	0	1	1	1	0	0	53	24	0x38	12
0x19048000	0x87c0e000	0	0	1	1	0	0	0	137	1	0x3	1
0x3266000	0x87c0e000	0	0	0	0	0	0	0	41	0	0xf	0
0x70074000	0x87c0e000	0	0	1	1	0	0	0	134	110	0x8b	9
0x52314000	0x87c0e000	0	0	1	0	0	1	0	35	104	0x8a	2
0xa0a51000	0x87c0e000	0	1	0	0	0	1	0	11	225	0x41	0
0x19e25000	0x87c0e000	0	0	1	0	0	1	0	24	184	0x4a	8
0x78635000	0x87c0e000	0	0	0	0	1	0	0	3	96	0x9a	1
0x50270000	0x87c0e000	0	0	1	0	0	0	1	33	40	0xa	0
0x82d72000	0x87c0e000	0	1	1	0	1	1	1	8	230	0x4e	0
0xc9770000	0x87c0e000	0						1	16	105	0x86	0

图 7-4　查看缓存数据（显示 L1 TLB 缓存）

DS-5 通过 DTSL Configuration Editor 对话框中的 Cache debug mode 复选项可以设置使能或禁止读取缓存 RAM 的数据，如图 7-5 所示。若使能了这个功能，则每次调试目标停止时都会从缓存 RAM 中读取数据。

通过使能对话框中的 Preserve cache contents in debug state 这个选项，可在处理器停止时保留缓存中的内容。如果没有使能这个选项，则无法保证处理器停止时还保留缓存的内容。

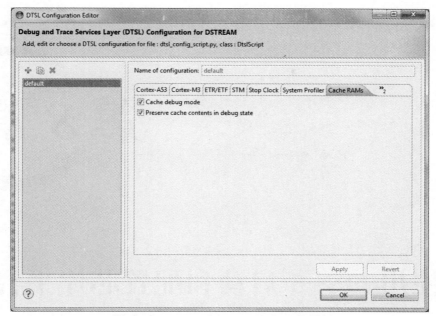

图 7-5   DTSLConfiguration Editor 对话框

这些选项可以在连接到调试目标前通过调试控制配置对话框设置，或者在连接后通过调试控制内容查看菜单设置。

注意

有些设备读取缓存的数据会使系统变得非常慢，为了避免这种情况，在不需要的时候则不必使能 DTSL 中的选项。通常，如果不需要，在 DS-5 的用户界面中关掉所有的缓存查看窗口。

通过 Memory 视图可以显示调试目标上各种 Cache 的内存。在命令行中，要从 Cache 里读取内存信息，需要在内存地址前加上前缀<cacheViewID=value>:，对于 Cortex-A15 处理器，cacheViewID 可选的值有 L1I、L1D、L2 和 L3。

例如：

```
#在 L1D 缓存中显示从地址 0x9000 开始的内存
x/16w N<cacheViewID=L1D>:0x9000
#在 L2 缓存中从地址 0x80009000 开始把内存数据转存到 myFile.bin 中
dump binary memory myFile.bin S<cacheViewID=L2>:0x80009000 0x10000
#在 L3 缓存中从地址 0x80009000 开始把内存数据添加到 myFile.bin 中
append memory myFile.bin<cacheViewID=L3>:0x80009000 0x10000
```

第8章

使用 DS-5 启动和配置芯片平台

本章主要介绍如何使用 DS-5 来启动、调试芯片平台。为了完成这个功能，需要事先了解 ARM 的 CoreSight 调试系统设计，然后采用 DS-5 中自带的 PCE 工具（Platform Configuration Editor，平台配置编辑器）自动探测 CoreSight 系统并生成最终可供 DS-5 调试器使用的配置数据库，最后详细介绍数据库中的 sdf、xml 文件和 DTSL 脚本的作用与意义。

8.1 CoreSight 系统介绍

ARM 最新的 CoreSight 技术方案很好地解决了复杂的 SoC 系统设计中的调试和跟踪功能。图 8-1 所示是一个完整的 CoreSight 系统设计框图示例。

一个 CoreSight 系统要实现调试和跟踪功能，至少需要包括一个调试访问接口（Debug Access Port，DAP）、跟踪源（Trace Source）、跟踪链接（Trace Link）和跟踪输出（Trace Sink）。

8.1.1 调试访问接口 DAP

任何一个采用 ARM 技术的 SoC，必须至少包含一个 DAP 接口才能使能芯片的调试和跟踪功能。DAP 是一个用来连接外部硬件调试工具的物理接口，允许外部调试工具访问芯片上的 CPU 处理器、CoreSight 系统组件和系统内存等，同时它也能上层控制调试区域的电源管理。图 8-2 所示是一个典型的 DAP 系统设计。

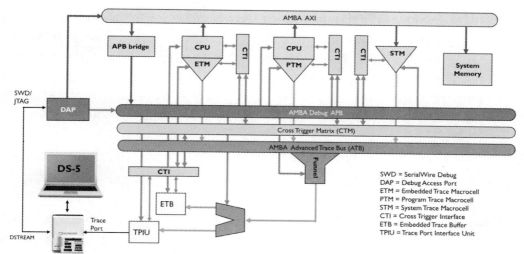

图 8-1　CoreSight 系统设计框图示例

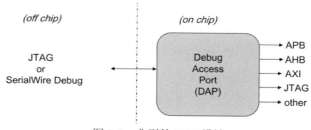

图 8-2　典型的 DAP 设计

8.1.2　跟踪源 Trace Source

跟踪源是 CoreSight 系统中用来产生跟踪信息的组件，如处理器执行的指令或总线发起过的传输。CoreSight 系统中的每个跟踪源组件都会产生一种格式的信息，所以整个 CoreSight 系统会有多种格式的信息，但它们最终可以组合在一起并且通过跟踪链接传输到输出端口。

CoreSight 系统中常见的跟踪源有：

● ETM 和 PTM：ETM（Embedded Trace Macrocell，嵌入式跟踪宏单元）和 PTM（Program Flow Trace Macrocell，程序流跟踪宏单元）的基本功能是相似的，都是主要用来监控处理器运行的状况，将处理器执行过的指令信息进行压缩流传输。一般来说，选择 PTM 还是 ETM 取决于 ARM 的处理器类型，比如 Cortex-A9 和 Cortex-A15 搭配的是 PTM，但 Cortex-A5、Cortex-A7 和 Cortex-A53 等处理器搭配的是 ETM。详情请参阅 ARM 处理器相关文档。

- ITM 和 STM：ITM（Instrumentation Trace Macrocell，探测跟踪宏单元）和 STM（System Trace Macrocell，系统跟踪宏单元）捕捉系统的事件信息并以获取数据跟踪形式传输到跟踪漏斗（Funnel）或跟踪输出组件。ITM 只捕捉软件相关的事件，STM 除了捕捉软件相关的事件外，还可以捕捉硬件相关的事件。此外，ITM 的输出带宽只有 8 比特，所以一般使用在 Cortex-M 系列处理器系统中。STM 的输出带宽更高，常与 Cortex-A 系列处理器一起使用。

8.1.3　跟踪链接 Trace Link

CoreSight 系统中常见的跟踪链接主要有 Funnel（漏斗）和 Replicator（分支器）。

1. Funnel

Funnel 把 CoreSight 系统中多个跟踪源产生的信息组合在一起并以单个流输出到高级跟踪总线（Advanced Trace Bus，ATB）。一个 Funnel 最多可以支持 8 个跟踪源信息的输入，每个端口都必须在其数据跟踪信息添加到输出流之前单独使能。

一个 CoreSight 系统中可能含有多个 Funnel，Funnel 之间可以级联。前一个 Funnel 的输出可以连接到下一个 Funnel 的输入，这也使得系统中最终能支持远多于 8 个输入源。在多核系统设计中，典型的例子是每个 Cluster 后接一个 Funnel。图 8-3 所示是一个 Funnel 的结构示意图，其中 ATBn 中 n 的最大值为 7。

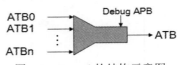

图 8-3　Funnel 的结构示意图

2. Replicator

Replicator 主要可以把单个输入复用到两个分支输出，这样就可以使得 CoreSight 系统的跟踪信息同时传输到两个或更多个输出。最新的 Replicator 是可编程的，可以控制哪些流走哪条分支输出，达到系统带宽的高效利用，详情可参阅 ARM CoreSight 系统相关文档。图 8-4 所示是 Replicator 的结构示意图。

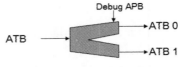

图 8-4　Replicator 的结构示意图

8.1.4　跟踪输出 Trace Sink

CoreSight 系统中常见的跟踪输出组件有嵌入式跟踪缓存（Embedded Trace Buffer，

ETB)、跟踪接口单元（Trace Port Interface Unit，TPIU）和跟踪内存控制器（Trace Memory Controller，TMC）。

1. ETB

ETB 是芯片内的一块 RAM，用来存储捕捉到的跟踪信息。由于它是片上的，所以一般容量比较小（典型为 4KB～64KB），并且很快就被填满了。缓存一旦满了以后，新捕捉到的跟踪信息就重新从缓存的起始位置开始存放，所以会把之前捕捉到的信息覆盖掉。

可以通过 DAP 访问存储在 ETB 中的数据。

2. TPIU

TPIU 把捕捉到的数据导出到外部调试适配器，如 DSTREAM（最高可存放 4GB 的大小），这样就可存放更多的跟踪数据。

3. TMC

TMC 在芯片设计时是可配置的，当配置成 ETB 时跟上面介绍的 ETB 功能是一样的，同时还可以配置成 ETR（Embedded Trace Router）和 ETF（Embedded Trace FIFO）。

ETR 的功能和 ETB 有点相像，但它是把跟踪数据存储到调试目标平台的系统内存上。存储的系统内存空间是可配置的，但要小心选择这块空间以免被系统中的其他程序使用。

ETF 的功能主要是缓冲数据的输出，尤其是当有大量数据在瞬间产生时，通过 ETF 可以平滑数据的输出速率，以免超出系统的带宽。

8.1.5　典型的 CoreSight 系统设计

上面介绍了 CoreSight 系统中的各个功能组件，这里主要介绍在设计 CoreSight 系统时的典型配置。复杂度高的系统还会涉及到多处理器、多 Cluster、多时钟域等。

1. 单处理器调试系统设计

图 8-5 所示是一个典型的单处理器调试系统设计，也可称为 CoreSight 调试系统拓扑结构。

在此系统中只有调试功能而没有跟踪（Trace）功能。图中的 DAP 配置成了外部 JTAG 和 SWD、内部 APB 调试的组合接口。通过 APB 的互连总线（APBIC），DAP 上的 APB 调试访问接口就可以配置 CTI 和访问处理器。

2. 单处理器跟踪系统设计

图 8-6 所示是一个典型的单处理器跟踪系统设计。

图中的 ETM 将跟踪捕捉到的数据直接通过 TPIU 输出到片外。可以通过添加 CoreSight ETB 和 Replicator 将捕捉的数据存储在片上以扩展系统设计。

3. 单处理器多跟踪源系统设计

图 8-7 所示是一个典型的单处理器含多个跟踪源的系统设计。

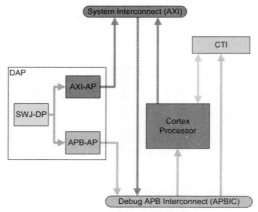

图 8-5　单处理器调试系统

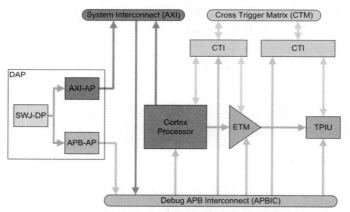

图 8-6　使用 TPIU 的单处理器跟踪系统

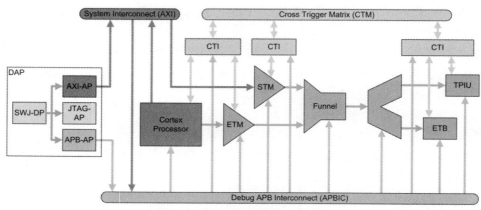

图 8-7　单处理器多跟踪源的系统

此系统设计中只有一个处理器，但包括了常见的 CoreSight ETM、STM 等跟踪源，图中的 Funnel 把所有跟踪源的数据组合成一条流输出，通过 Replicator 分支器将数据分别输出到 TPIU 和 ETB。

8.2 PCE 工具的使用

DS-5 内部集成了一个 PCE 工具（Platform Configuration Editor，平台配置编辑器），主要用来配置硬件平台和生成配置数据库。ARM 在不断地改进和完善 PCE 这个工具，所以需要使用这个工具时，强烈建议去 DS-5 的官方网站下载最新的 DS-5 版本。下面就来详细介绍如何使用这个工具进行芯片平台的启动配置和数据库的生成。

1. 创建配置数据库

打开 DS-5 软件，选择 File→New→Other 命令，弹出如图 8-8 所示的对话框，在其中选择 DS-5 Configuration Database→Configuration Database，然后单击 Next 按钮，弹出如图 8-9 所示的对话框。在 Database name 文本框中输入需要创建的配置数据库名称，如 demo2，然后单击 Finish 按钮完成配置。

图 8-8   DS-5 配置数据库

2. 创建硬件平台配置文件

（1）在 DS-5 中选择 File→New→Other 命令，弹出如图 8-8 所示的对话框，在其中选择 DS-5 Configuration Database→Platform Configuration，然后单击 Next 按钮，弹出如图 8-10 所示的对话框。

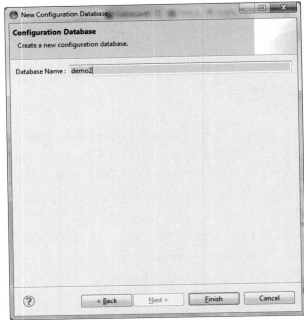

图 8-9　输入创建的配置数据库名称

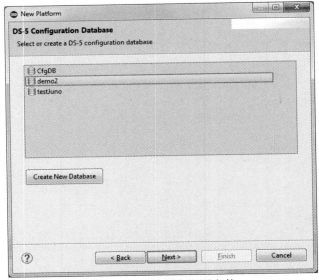

图 8-10　创建平台配置文件

（2）单击前面创建的 demo2 配置库名，再单击 Next 按钮，在弹出的对话框中输入硬件平台的公司和名字，如图 8-11 所示。

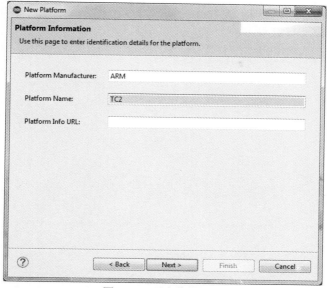

图 8-11　平台信息配置

（3）单击 Next 按钮，在图 8-12 所示的对话框中保持默认选项，然后单击 Next 按钮。

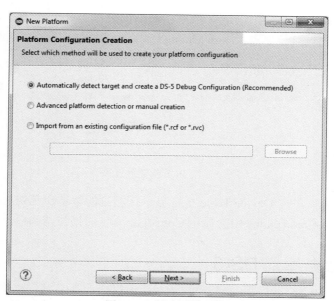

图 8-12　创建平台配置

（4）弹出如图 8-13 所示的对话框，单击 Browse 按钮查找正确的 DSTREAM 调试器，然后单击 Next 按钮，DS-5 PCE 就会自动探测硬件平台的调试系统并显示相关的日志信息。

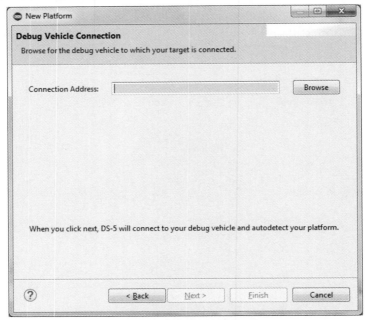

图 8-13　平台自动探测配置

（5）单击 Finish 按钮，在图 8-14 所示的对话框中单击 Review Platform 按钮可以查看 PCE 探测到的系统详细信息，单击 Debug Platform 按钮可以开始调试。

图 8-14　PCE 探测后选项

自动探测结束后，在 Device Table 栏会显示探测到的设备和其对应的地址等详细信息，在 Component Connections 中会显示 Coresight 系统的拓扑结构信息。

8.3　导入数据库到 DS-5

生成好的配置数据库保存在本地，如果库在生成时没有自动导入到 DS-5 的数据库，则必须执行以下步骤把它导入到 DS-5 中。

在 DS-5 中选择 Window→Preferences 命令，弹出如图 8-15 所示的对话框，在其中选择 DS-5→Configuration Database，然后单击 Add 按钮，在弹出的对话框中找到 demo2

这个配置数据库路径，然后单击 Rebuild database 按钮进行数据库的更新，最后单击 OK 按钮完成并保存数据库的导入。

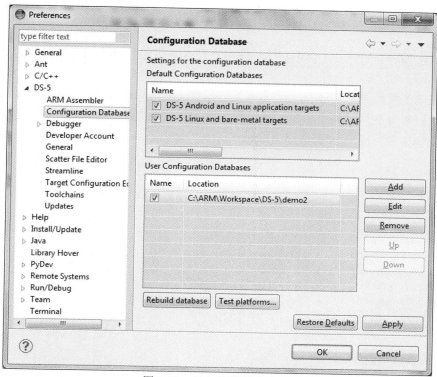

图 8-15 导入数据库到 DS-5

成功导入后，通过前面介绍的配置调试连接，在 Debug Configurations 中就可以轻松地找到新导入的配置数据库。

8.4 sdf 文件分析

DS-5 在每一个配置数据库中都使用一个后缀为 sdf 的文件来包含尽可能多的硬件平台信息，主要有：

- 所有的 JTAG 设备详情，包括 IR 长度和在 JTAG 链中的位置。
- 硬件平台上拥有的所有 ROM 表的内容，一个包含有所有 ARM Cortex 处理器、Coresight 设备、AP 序号和基地址等信息的详细列表。
- 从平台中获得的其他一些信息，比如 TMC 是配置成 ETR 还是 ETB。
- 通过寄存器而获得的 topology 拓扑结构信息。
- DS-5 和 DSTREAM 的设备配置信息。

8.5 xml 文件分析（refer to Paul Snowball.docx training doc）

生成的配置数据库中还有一个 xml 文件，如 project_types.xml。这个 xml 文件主要包含了平台相关的调试操作信息，同时还提供了与其他文件相链接的功能，如 DTSL 脚本文件、flash 算法、加载快速模型的脚本等。

8.5.1 xml 文件头

文件头主要包含一些版本信息和概要。对于物理硬件平台而言，所有的 xml 文件都是一样的。

```
<?xml version="1.0" encoding="UTF-8" standalone="no" ?>
<!-- Copyright (C) 2009-2012 ARM Limited. All rights reserved. -->
<platform_data type="HARDWARE"
    xmlns:peripheral="http://com.arm.targetconfigurationeditor"
    xmlns:xi="http://www.w3.org/2001/XInclude"
    ……
</platform_data>
```

8.5.2 项目调试类型

调试的时候需要设置项目的调试类型，如 Bare Metal、Linux Application Debug 和 Linux Kernel Debug，这些类型基本类似，所以就以 Bare Metal 为例。

```
<project_type_list>
<project_type type="BARE_METAL">
<name language="en">Bare Metal Debug</name>
<description language="en">This allows a bare-metal debug connection.</description>
<execution_environment id="BARE_METAL">
<name language="en">Bare Metal Debug</name>
<description language="en">Connect to a platform using a DSTREAM/RVI</description>
<xi:include href="../../../Include/hardware_address.xml" />
<param default="CDB://tc2.sdf" id="config_file" type="string" visible="false" />
</execution_environment>
</project_type>
</project_type_list>
```

上例中的 project_type_list 包含在 xml 文件头的 platform_data 范围内，每一个项目类型都有类型、名字和描述，可能还会有一个执行环境 execution_environment，这一栏主要是早期的 DS-5 版本会使用来传递一些特殊的信息，但现在的 DS-5 已经不再使用这一栏信息了，所以在以后的版本中有可能就会删除。

其中有一行链接：

```
<param default="CDB://tc2.sdf" id="config_file" type="string" visible="false" />
```

主要是链接到所使用的 sdf 文件，CDB:// 表示是与 xml 文件在同一目录下。

8.5.3　调试实体

调试实体（Debug Activity）主要是告诉 DS-5 去调试什么，如单个 CPU 核、多个 CPU 核的 SMP 模式或 big.LITTLE。

它使用一个实体 ID（Activity ID）来标识，而且位置被包含在 project_type 中。

```
<activity id="ICE_DEBUG" type="Debug">
<name language="en">Debug Cortex-A15_0 via DSTREAM/RVI</name>
<description language="en">DS-5 Debugger will connect to a DSTREAM or RVI to debug a bare metal
application.</description>
<core connection_id="Cortex-A15_0" core_definition="Cortex-A15" />
</activity>
```

8.6　DTSL 介绍

DS-5 采用 DTSL 脚本配置底层 CoreSight 设备，采用的是 Jython 语言，其语法格式跟 Python 一样，是 Python 的 Java 实现。所以如果熟悉 Python 的话，理解 DTSL 脚本就变得很容易了。

DTSL 的功能主要有以下三大方面：

（1）创建正确的 Jython 对象去管理 Cortex 的处理器和 Coresight 的设备。

（2）对用户，尤其是 Trace 跟踪功能提供可配置选项。

（3）管理 CoreSight 系统设备交互和拓扑结构。

下面以 DS-5 软件自带的 Versatile_Express_V2P-CA15_A7 平台为例进行介绍（在 DS-5 安装路径 sw\debugger\configdb\Boards\ARM Development Boards 下）。

Versatile Express 是 ARM 官方提供的硬件开发平台，这个平台比较有代表性，同时包含了 ETM 和 PTM，具有两个 Cluster，其中一个 Cluster 包含 3 个 Cortex-A7，另一个 Cluster 包含两个 Cortex-A15，一旦理解了这个平台的 DTSL，所有的 DTSL 结构基本相似，那么也就很容易理解其他平台了。

8.6.1　创建 Jython 对象

DTSL 提供了很多类，用来管理 Cortex 系列处理器和 CoreSight 系统设备。这些类实现了管理和控制设备的基本功能，所以有了这些类，就不需要再去深究那些非必要的访问端口索引、设备基地址、父 DAP、设备寄存器细节、设备的使能和关闭顺序等。但是，仍然需要为平台创建一些 Jython 对象，告诉 DTSL 去控制哪个设备以及如何控制。所有 DTSL 需要的信息都包含在 sdf 文件里。

1. 创建处理器对象

先看如下两行代码：

```
cortexA15coreDev = self.findDevice("Cortex-A15")
cortexA15coreDev = self.findDevice("Cortex-A15", cortexA15coreDev+1)
```

第 1 行代码，从 sdf 文件的开头开始查找第一个类型为 Cortex-A15 的设备，并返回它在 sdf 文件中的设备号或索引号。

第 2 行代码，从 sdf 文件中的一个指定位置（cortexA15coreDev+1）开始查找类型为 Cortex-A15 的设备，并返回它在 sdf 文件中的设备号或索引号。

设备成功找到后，即可创建一个 Jython 对象来控制它。

```
dev = Device(self, cortexA15coreDev, "Cortex-A15_0")
```

上面这行代码创建了一个名为 Cortex-A15_0 的对象，这个对象名必须是唯一的，能代表所配置设备的含义。对于处理器 Core 而言，还必须和 project_types.xml 文件中给定的 connection_id 相同，因为 DTSL 通过它才知道应该连接到哪个处理器。

```
<core connection_id="Cortex-A15_0" core_definition="Cortex-A15"/>
```

创建好处理器的对象后，接下来就需要保存它，以便可以继续使用。对于处理器，一般采用对象数组，方便查找到正确的处理器：

```
self.cortexA15cores.append(dev)
```

所有以上代码都在 dtsl_config_script.py 脚本的 discoverDevices()里实现了。对于这个平台的 A7 处理器，其实现方法类似。

对于处理器而言，还需要告诉 DTSL 所创建的处理器设备对象是可调试的。所有的 DTSL 脚本都是通过 exposeCores()方法实现的：

```
def exposeCores(self):
    for core in self.cortexA15cores + self.cortexA7cores:
        self.addDeviceInterface(core)
```

2. 创建 CTI 对象

CTI（Cross Trigger Interface，交叉触发接口）的配置和处理器的配置类似，需要：

（1）在 SDF 文件中找到 CTI 设备。

（2）为 CTI 设备创建 Jython 对象。

（3）保存所创建的对象。

但对于 CTI 来说，还需要额外再考虑：

（1）这个 CTI 设备的作用是什么。因为有的 CTI 连接到处理器，而有的不是，所以配置时就需要使用正确的 CTI。

（2）连接到处理器的 CTI，还需要为它建立一个 Jython 的映射并清楚地告诉 DTSL。

相关代码可参考如下：

```
NUM_CORES_CORTEX_A15 = 2
```

```
self.CTIs    = []
self.cortexA15ctiMap = {} # map cores to associated CTIs
cortexA15coreDev = 0
self.cortexA15cores = []
for i in range(0, NUM_CORES_CORTEX_A15):
    # create core
    cortexA15coreDev = self.findDevice("Cortex-A15", cortexA15coreDev+1)
    dev = Device(self, cortexA15coreDev, "Cortex-A15_%d" % i)
    self.cortexA15cores.append(dev)
    # create CTI for this core
    coreCTIDev = self.findDevice("CSCTI", coreCTIDev+1)
    coreCTI = CSCTI(self, coreCTIDev, "CTI_Cortex_A15_%d" % i)
    self.CTIs.append(coreCTI)
    self.cortexA15ctiMap[dev] = coreCTI
```

3. 创建 ETM/PTM 对象

创建 ETM/PTM 对象和创建处理器、CTI 对象的方法类似，需要注意的是 ETM、PTM 是跟处理器搭配使用的，而且在 DTSL 中，PTM 只有一个类，但 ETM 由于有不同的版本，如 v3.5、v4 等，所以存在不同的类，使用时要注意。此外，每一个 Trace 的宏单元都会有一个唯一的 Stream ID，因为所有的 Trace 宏单元产生的数据都会存放在同一个 ETB 之类的缓存中，这时就是通过 Stream ID 来区分数据来自不同的 Trace 宏单元。

ETM/PTM 的 Jython 类提供了对设备的使能或禁止，默认都是禁止 ETM/PTM，要使能的话需要打开相应的 DTSL 选项。

创建 PTM 对象的代码实例如下：

```
ptmDev = 1
self.PTMs    = []
for i in range(0, NUM_CORES_CORTEX_A15):
# create the PTM for this core
ptmDev = self.findDevice("CSPTM", ptmDev+1)
ptm = PTMTraceSource(self, ptmDev, streamID, "PTM_%d_%d" % (i, streamID))
streamID += 1
# disabled by default - will enable with option
ptm.setEnabled(False)
self.PTMs.append(ptm)
```

创建 ETM 对象的代码和 PTM 类似，详细实例如下：

```
etmDev = 1
self.ETMs    = []
for i in range(0, NUM_CORES_CORTEX_A7):
# create the ETM for this core
etmDev = self.findDevice("CSETM", etmDev+1)
etm = ETMv3_5TraceSource(self, etmDev, streamID, "ETM_%d_%d" % (i, streamID))
streamID += 1
# disabled by default - will enable with option
```

```
etm.setEnabled(False)
self.ETMs.append(etm)
```

4. 创建其他设备对象

除了前面介绍的，还有其他一些 CoreSight 设备需要创建对象，如 ETB、TPIU、Funnel 和 ITM 等，创建的方法基本类似，只是需要为每个设备使用正确的类，示例代码如下：

```
# ETB
etbDev = self.findDevice("CSETB")
self.ETB = ETBTraceCapture(self, etbDev, "ETB")
# DSTREAM
self.DSTREAM = DSTREAMTraceCapture(self, "DSTREAM")
# TPIU
tpiuDev = self.findDevice("CSTPIU")
self.tpiu = self.createTPIU(tpiuDev, "TPIU")
# Funnel 0
funnelDev0 = self.findDevice("CSTFunnel")
self.funnel0 = self.createFunnel(funnelDev0, "Funnel_0")
# ITM
itmDev = self.findDevice("CSITM")
self.ITM = self.createITM(itmDev, ITM_ATB_ID, "ITM")
```

8.6.2 DTSL 选项对话框

DS-5 中所显示的 DTSL 选项对话框是通过 DTSL 脚本产生的，也就是说，可以为某个特定的平台通过写 DTSL 脚本来定制对话框的控制选项。

一般来说有 5 种控制类型：

● 标签集（包含所有的控制标签）
● 标签（只服务相关联的控制组）
● 复选框
● 文字编辑窗口
● 下拉列表框

创建每一个控制选项时至少需要满足以下两个条件：

● 一个标示在 DTSL 中控制的唯一的名字。
● 在 DTSL 选项对话框中出现的显示名。

DTSL 脚本中是通过 getOptionList() 来定义所有的控制选项，详细请参考 dtsl_config_script.py 这个脚本文件，此处就不一一列举代码了。通过 DTSL 脚本，生成的对话框如图 8-16 所示。

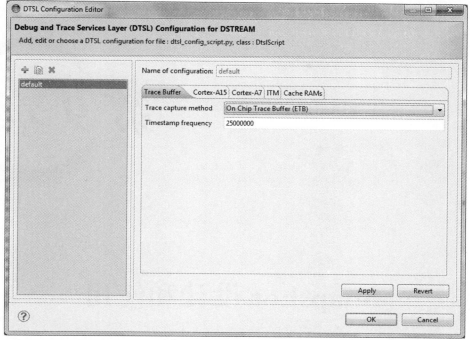

图 8-16　DTSL 选项对话框

　　更改了 DTSL 对话框中的选项，然后单击 OK 按钮保存，再次单击连接进入调试时会自动调用 DTSL 脚本中的 optionValuesChanged()函数，从而实现相应的控制行为。

第 9 章

Snapshot 设计和使用

DS-5 中集成了一个非常好的功能——Snapshot 快照。有了 Snapshot，就使得 DS-5 在没有 DSTREAM 连接到目标硬件的情况下也可以对调试和跟踪进行离线分析。当然由于没有实际的硬件连接，在使用 Snapshot 的时候，可以查看反汇编代码和寄存器、内存、变量的值，但不能更改它们的值。

9.1 Snapshot 初始化文件

Snapshot 快照的初始化文件是一个简单的文本文件，包含一个或多个模拟仿真系统原来状态的区域。每一个区域都使用 option=value 结构。

在创建 Snapshot 初始化文件之前，必须确保一个或多个二进制文件包含：

● 需要分析的系统的快照信息
● 处理器的详细类型
● 内存区域地址和偏移等详细信息
● 已知寄存器的值等相关信息

创建快照初始化文件，需要添加下面给出的相关区域信息并且以.ini 后缀保存文件：

● [global]：一个全局设置的区域，可使用选项 core，即处理器的型号，如 core=Cortex-M3 或 core=Cortex-A7。
● [dump]：保存在二进制文件中的一个或多个相邻的内存区域，可使用如下选项：

> ➢ file：二进制文件的存放路径。
> ➢ address：指定区域的内存起始地址。
> ➢ length：区域的长度大小。如果没有指定，默认就是文件中 offset 值后面的部分。
> ➢ offset：指定从文件开始的偏移地址，如果没有指定，默认为 0。

- [regs]：ARM 标准寄存器名和值的区域段。

使用以上这些关键区域时，有以下限制：

- 若有 global 全局区域，那么它必须位于文件的开始位置。
- 内存中的连续字节必须连续出现在一个或多个转存文件中。
- 代表内存区域的地址范围不能重叠。

9.2　CoreSight 访问库

CoreSight 访问库集成在 DS-5 的安装路径[DS-5_install_dir]/examples/CoreSight_Access_Library.zip 中，解压此文件即可找到相关的源代码和说明文档。

这个访问库提供了一套完整的 API，从而使上层应用程序可以直接调用访问到目标板上的 CoreSight 设备。比如，在产品的生产或测试阶段，可以通过程序调用这些库的 API，在没有外部 DSTREAM 等硬件调试工具连接到目标板时，照样获取和保存系统通过 CoreSight 输出的跟踪信息，通过 DS-5 对保存的跟踪信息进行分析。

把 zip 压缩包解压后，在使用 CoreSight 库时，有几个重要的文件需要特别关注：

- /readme.md：根目录下的 readme.md 是一个文本文档，包含当前库能支持的 CoreSight 设备组件、文档说明，以及编译和使用这个库的相关信息。
- /build/readme_buildlib.md：一个如何编译这个库的文本文档。
- /demos/readme_demos.md：一个如何编译和执行 ARM demo 的详细说明文档。

在 DS-5 的 CoreSight 库中，默认已经支持了以下 3 个开发板平台：

- ST-Ericsson 的 Snowball
- ARM 的 Versatile Express Cortex-A15x2+A7x3（简称 TC2）
- ARM 的 Juno 板（ARMv8 的开发板）

包含一个基于 Linux 的 tracedemo 应用，它在目标设备上创建几个文件以存放从目标设备上获取到的跟踪信息。在编译这些 demo 时切换到 demos 目录下执行 make 指令，例如编译 tracedemo 应用：

```
make tracedemo DEBUG=1
```

使用 make 编译时有一些选项可供选择，比如编译 ARMv8 架构的需要执行：

```
make tracedemo DEBUG=1 LPAE=1 VA64=1
```

并且要使用 tracedemo 这个例子，还需要对 Kernel 进行相关的配置：

（1）因为 tracedemo 要使用 mmap 读取内核内存，然后保存到一个叫 kernel_demp.bin 的文件中让 DS-5 使用，所以需要在内核中配置 CONFIG_STRICT_DEVMEM=n，可通过 zgrep "CONFIG_STRICT_DEVMEM" /proc/config.gz 方式查看内核的配置。

（2）tracedemo 通过/dev/kmem 读取内核内存，所以需要配置 CONFIG_DEVKMEM=y。

（3）打开内核调试信息支持，比如在 make menuconfig 时配置：

```
[*] Kernel debugging
[*] Compile the kernel with debug info
```

详细的选项配置可参考 Makefile 文件和 readme.md 文档说明。

9.3　CoreSight 访问库的移植

ARM DS-5 中默认支持 3 种 ARM 的开发板，如果需要为其他的 ARM 开发板使用这些 CoreSight 访问库，则需要进行移植。

（1）在源代码 cs_demo_known_boards.c 文件中添加一个 do_registration_xxxx 函数，并且把这个函数添加到 known_boards 结构体数组中。

（2）配置 Kernel 获取的跟踪信息地址范围。在 tracedemo.c 中修改以下变量的值：

- KERNEL_TRACE_SIZE：获取跟踪信息的空间大小。
- KERNEL_TRACE_VIRTUAL_ADDR：跟踪信息获取的起始虚拟地址，与 vmlinux 内核文件相关。如果没有设置，那么会使用默认的内核加载地址，再加上 0x50000 偏移量。可通过 grep cpu_idle /proc/kallsyms 等方式获取需要使用的区域或函数地址。

9.4　使用实例

在 zip 的压缩包中，ARM 提供了 3 个已经在支持的平台上获取的 Snapshot 跟踪信息，现在以 Juno 为例进行介绍。

在 example_captures/Juno 目录下可以看到 dump 出来的很多信息和文件。主文件为 snapshot.ini，必须是.ini 后缀，主要内容如下，包括了版本、文件列表等信息，获取到的跟踪数据通过 trace.ini 进行管理：

```
[snapshot]
version=1.0

[device_list]
device0=cpu_0.ini
device1=cpu_1.ini
device2=cpu_2.ini
```

```
device3=cpu_3.ini
device4=cpu_4.ini
device5=cpu_5.ini
device6=device_6.ini
device7=device_7.ini
device8=device_8.ini
device9=device_9.ini
device10=device_10.ini
device11=device_11.ini
device12=device_12.ini

[trace]
metadata=trace.ini
```

打开 DS-5，创建一个连接，选择 Generic→Snapshot→View Snapshot，再单击 File 选项卡找到 CoreSight 例子中的 snapshot.ini 文件，如图 9-1 所示。

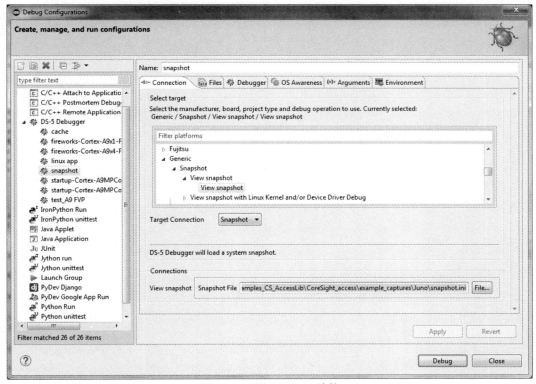

图 9-1　配置 Snapshot 连接

单击 Debug 按钮，在 DS-5 中显示获取到的跟踪数据，包括系统寄存器和反汇编等信息，如图 9-2 所示。

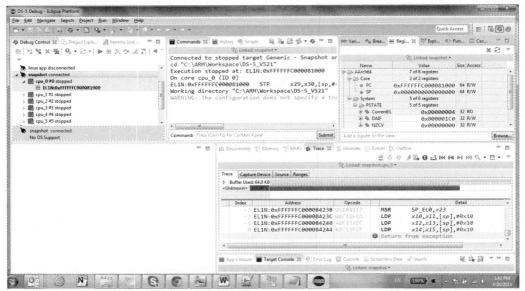

图 9-2　Snapshot 快照显示

第 10 章

DS-5 与 Z-Turn 板开发实例

10.1 Z-Turn Board 硬件平台介绍

10.1.1 平台概述

Z-Turn Board 是深圳市米尔科技有限公司推出的一款基于 Xilinx Zynq-7010（兼容 7020）处理器的嵌入式开发板，如图 10-1 所示。Z-Turn Board 采用 Xilinx 最新的基于 28nm 工艺流程的 Zynq-7000 All Programmable SoC 平台，将 ARM 处理器和 FPGA 架构紧密集成。开发平台拥有双核 ARM Cortex-A9 MPCore 的高性能、低功耗特性，可以满足各种嵌入式开发需要。

与其他开发板相比，Z-Turn Board 拥有更多独特的优势：

- 同时集成 ARM 处理器和 FPGA 逻辑单元。
- 基于 ARM Cortex-A9 双核处理器。
- Xilinx Artix-7 FPGA 可编程裸机单元。
- 1GB DDR3 内存，16MB QSPI-Flash。
- 最高 1000M 以太网接口。
- 支持原生态 Linux 和 Ubuntu Linux 操作系统。

图 10-1　米尔科技 Z-Turn 开发板

如图 10-2 所示是 Z-Turn Board 的功能框图。

图 10-2　硬件功能框图

该平台拥有丰富的外设接口，包括千兆网口、HDMI、USB OTG、USB UART、CAN、按键、SD Card、温度传感器、三轴加速度传感器等，可以满足大多数的嵌入式系统和应用开发。

作为 DS-5 的调试演示板，能全方位测试 DS-5 的多核调试和性能分析功能。

10.1.2　JTAG 调试接口

在 DS-5 上，Z-Turn Board 支持使用 ARM 的 DSTREAM 仿真器、ULINKPro 仿真器和 ULINKPro-D 仿真器，如图 10-3 所示，这三款仿真器与开发板的连接都是标准的 ARM JTAG 20 接口。

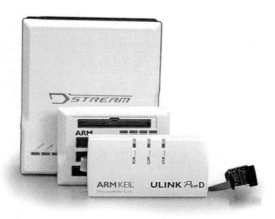

图 10-3　ARM 仿真器

Z-Turn Board 上的 JTAG 14 接口是基于 Xilinx 仿真器接口进行定义的，这与 ARM JTAG 20 仿真器的接口定义不同。要使用 ARM 仿真器调试，需要米尔科技官方提供的 JTAG 转接板或者根据 JTAG 接口定义使用跳线连接，如图 10-4 所示。

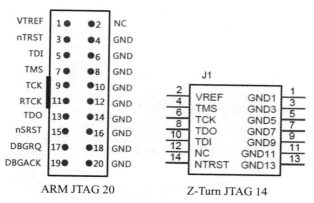

图 10-4　ARM JTAG 20 和 Z-Turn JTAG 14 仿真器接口

如果使用跳线连接，ARM JTAG 20 多余引脚 RTCK、nSRST、DBGRQ 和 DBGACK 可悬空不接。

10.1.3 启动方式

通过配置 JP1、JP2 跳帽，Z-Turn Board 可以设置从 SD Card、QSPI 或 JTAG 启动，Z-Turn Board 启动方式如表 10-1 所示。

表 10-1　Z-Turn Board 启动方式

JP1	JP2	启动模式	备注
ON	ON	QSPI	
ON	OFF	JTAG	
OFF	ON	SD Card	
OFF	OFF	NandFlash	暂不支持

其中 JTAG 模式为非安全模式，主要用于 FPGA 阵列的烧写，在使用 DS-5 调试时，需要启动 Linux 操作系统，所以整个调试过程需要配置从 QSPI 或 SD Card 启动。为了方便更新镜像，本书统一以 SD Card 启动为例，即 JP1 设置成 OFF（断开），JP2 设置成 ON（连接）。

也可以配置从 QSPI 启动方式调试，只是更新固件相对麻烦，调试过程与 SD Card 一样，所以不作具体介绍。如果调试过程中切换了启动方式，则需上电复位系统，直接按 Reset 键复位会导致调试过程出现异常。

10.1.4 硬件连接

进行调试工作之前需要进行必要的硬件连接，如图 10-5 所示是 DSTREAM 仿真器的连接示意图，ULINKPro 和 ULINKPro-D 仿真器的连接类似。

图 10-5　硬件连接图

为了避免上电操作引起硬件损害，请按照下面的方法依次连接，首先是 DSTREAM 仿真器连接：

（1）100-Pin 扁平线连接 DSTREAM 主机和转接板，连接时注意先压住扁平线两端的卡扣，再插入接口。

（2）USB 线连接 DSTREAM 主机和 PC 机。

（3）DSTREAM 转接板 ARM JTAG 20 连接 Z-Turn Board 的 JTAG 转接板。

（4）DSTREAM 仿真器连接 5V 电源。

然后是 Z-Turn Board 的连接配置：

（1）JP1 断开，JP2 连接，设置成 SD Card 启动方式。

（2）网线连接 Z-Turn Board 和 PC 机（调试应用程序和 Streamline 性能分析时用到）。

（3）Mini USB 线连接 USB_UART 和 PC 机，为 Z-Turn Board 上电并连接 USB 转串口。

10.2　简单裸机工程创建及调试

任何复杂的事情都是从简单的开始，下面以最简单的 hello 程序作为开始介绍 DS-5 的基本用法：新建工程、配置编译选项、调试和跟踪。虽然工程简单，但是可以对 DS-5、DSTREAM 仿真器和 Z-Turn Board 的使用有基本的了解。

10.2.1　创建工程

（1）从系统开始菜单选择 ARM DS-5→Eclipse for DS-5 或者直接双击 DS-5 桌面快捷图标（需要自己创建）打开 DS-5，然后单击 Go to the workbench（如图 10-6 所示）进入 DS-5 的工程管理界面。

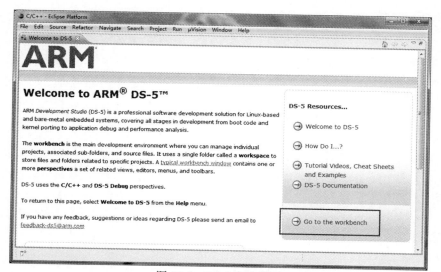

图 10-6　DS-5 启动界面

（2）选择 File→New→Project 命令，在弹出的对话框（如图 10-7 所示）中选择 C/C++下的 C Project，然后单击 Next 按钮。

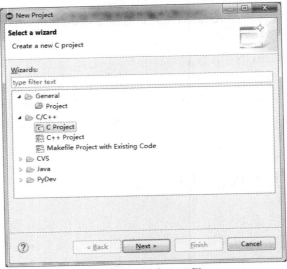

图 10-7　创建 C 工程

（3）弹出 C Project 对话框，在 Project name 文本框中输入工程名称，这里用 z-turn_hello，在 Project type 中选择 Executable→Empty Project，在 Toolchain 中选择 ARM Compiler 5，如图 10-8 所示，然后单击 Next 按钮。

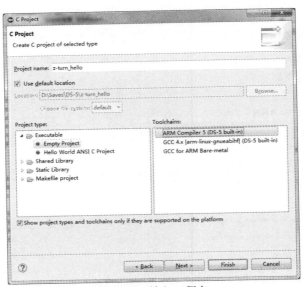

图 10-8　输入工程名

（4）单击 Finish 按钮完成新建并进入工作界面。此时在 DS-5 左侧的工程管理器（Project Explorer）中会看到新创建的工程，展开会看到 Includes 下自动包含了头文件目录，这些是我们编译的时候要用到的，DS-5 已经自动添加好了，如图 10-9 所示。

图 10-9 新建工程完成

（5）选择 File→New→Source file 命令，弹出 New Source File 对话框，在 Source file 文本框中输入 main.c 作为 C 源文件名，单击 Finish 按钮，如图 10-10 所示。

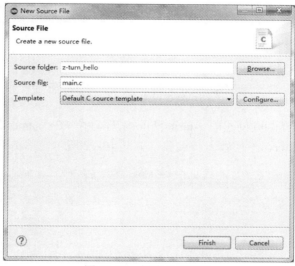

图 10-10 创建 C 源文件

（6）自动打开 main.c 文件后（也可双击打开），在注释后面添加 mian 函数代码并保存，代码如下：

```
#include <stdio.h>

int main(int argc, char** argv)
{
    while(1)
    {
        printf(Hello DS-5! \n);
    }
}
```

（7）创建 Scatter 文件，以指定芯片内部 SRAM 地址和堆栈的位置。选择 File→New→Other 命令，在弹出的对话框中选择 Scatter File Editor→Scatter File，如图 10-11 所示，

然后单击 Next 按钮。

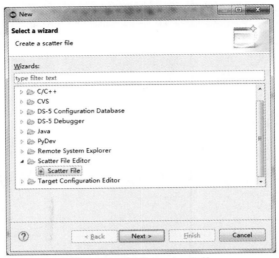

图 10-11　创建 Scatter 文件

（8）父目录选择刚刚创建的 z-turn_hello 工程，在 File name 文本框中输入 scatter 文件名，这里用 scatter，不用输入扩展名，如图 10-12 所示，单击 Finish 按钮。

图 10-12　选择 Scatter 文件保存位置并命名

（9）DS-5 会自动打开 scatter.scat 文件，输入如下内容指定 SRAM 地址和堆栈位置：

```
SDRAM 0x00008000 0xE000
{
    APP_CODE +0
    {
        * (+RO, +RW, +ZI)
    }

    ARM_LIB_STACKHEAP    0x00009000 EMPTY    0x00001000
    { }
}
```

10.2.2 配置工程并编译

以上步骤创建了 3 个项目：z-turn_hello 工程、main.c 源文件和 scatter.scat 文件，不过还不能编译工程，还需要对工程进行编译选项的配置。配置完成后会自动生成 Makefile 文件，而编译器就会根据 Makefile 规则进行编译。

（1）单击 z-turn_hello 工程名，选择 DS-5 中的 Project→Properties 命令打开配置对话框，如图 10-13 所示，显示了工程的一些基本信息。

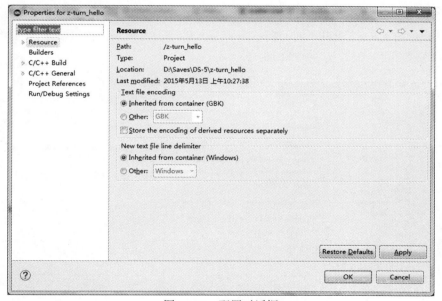

图 10-13 配置对话框

（2）选择左侧的 C/C++ Build，选中 General Makefile automatically 复选项（默认也是选择状态），作用是让 DS-5 自动生成 Makefile 文件，如图 10-14 所示。

如果自己的工程已经有 Makefile 文件，则需要取消选中该复选项。

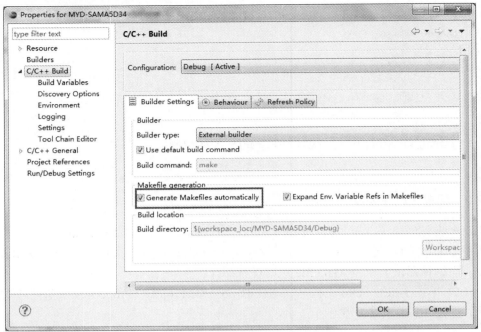

图 10-14　自动生成 Makefile 文件

（3）单击 C/C++ Build 前面的三角符号，再单击 Settings 选项，配置右侧的 Tool Settings 编译工具，配置选项如图 10-15 所示。

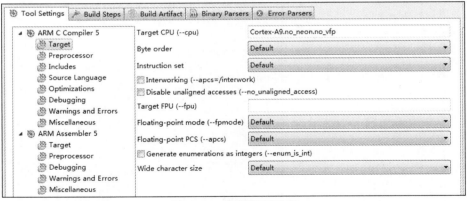

图 10-15　配置编译选项

以下 3 个选项全部配置为 Cortex-A9.no_neon.no_vfp：

- ARM C Compiler 5→Target→Target CPU (--cpu)
- ARM Assembler 5→Target→Target CPU (--cpu)
- ARM Linker 5→Target→Target CPU (--cpu)

选择 ARM Linker 5→Image Layout，通过 Scatter file (--scatter)后的 Browse 按钮查找并选择上面创建的 Scatter 文件，如图 10-16 所示。

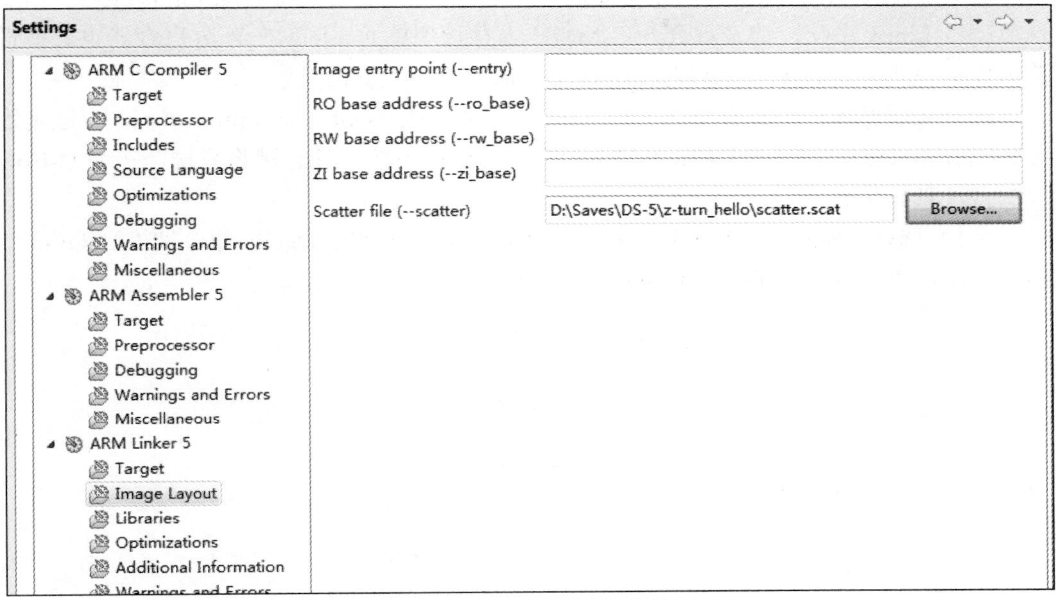

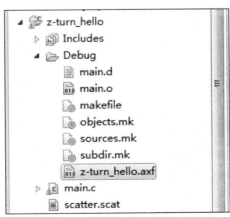

Settings

- ▲ ARM C Compiler 5
  - Target
  - Preprocessor
  - Includes
  - Source Language
  - Optimizations
  - Debugging
  - Warnings and Errors
  - Miscellaneous
- ▲ ARM Assembler 5
  - Target
  - Preprocessor
  - Debugging
  - Warnings and Errors
  - Miscellaneous
- ▲ ARM Linker 5
  - Target
  - Image Layout
  - Libraries
  - Optimizations
  - Additional Information
  - Warnings and Errors

Image entry point (--entry)
RO base address (--ro_base)
RW base address (--rw_base)
ZI base address (--zi_base)
Scatter file (--scatter)　D:\Saves\DS-5\z-turn_hello\scatter.scat　Browse...

图 10-16　添加 Scatter 文件

配置好后单击 OK 按钮返回工程管理界面。

（4）单击 z-turn_hello 工程，选择 DS-5 中的 Project→Build Project 命令编译工程。完成后，在工程的 Debug 目录下生成二进制文件 z-turn_hello.axf，如图 10-17 所示。

▲ z-turn_hello
　▷ Includes
　▲ Debug
　　　main.d
　　　main.o
　　　makefile
　　　objects.mk
　　　sources.mk
　　　subdir.mk
　　　z-turn_hello.axf
　▷ main.c
　　　scatter.scat

图 10-17　编译生成 axf 镜像文件

10.2.3 串口设置

因为 Z-Turn Board 配置为 SD Card 启动模式，上电后会直接启动 Linux 系统。而一旦启动了 Linux 系统，势必就会开启 MMU 内存管理单元，同时一部分寄存器也会被设置为保护模式，导致无法正常对裸机程序包括 U-Boot 进行调试。

所以在调试裸机程序和 U-Boot 之前，需要阻止 U-Boot 引导 Linux 系统，方法是连接 Z-Turn Board 串口，在 U-Boot 的 3 秒倒计时过程中按下任意键将系统停止在 U-Boot 控制台，具体步骤如下：

（1）选择 DS-5 中的 Window→Open Perspective→DS-5 Debug 命令切换到 DS-5 的调试界面，也可以通过 DS-5 Debug 按钮切换，如图 10-18 所示。

图 10-18　切换到调试界面

（2）选择 DS-5 中的 Window→Show View→Other 命令，在弹出的对话框中选择 Terminal→Terminal，如图 10-19 所示，单击 OK 按钮打开 Terminal 栏。

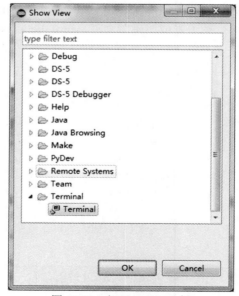

图 10-19　打开 Terminal 栏

（3）在 Terminal 栏中单击 Settings 按钮，如图 10-20 所示，配置波特率（Baud Rate）为 115200，数据位（Data Bits）为 8，停止位（Stop Bits）为 1，校验（Parity）为 None，流控制（Flow Control）为 None，如图 10-21 所示，其中 Port 是 Z-Turn Board 上 USB 转 UART 芯片的端口号，具体根据"设备管理器"实际情况选择，如图 10-22 所示。

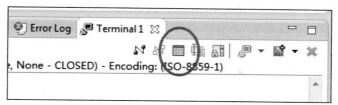

图 10-20　打开串口配置对话框

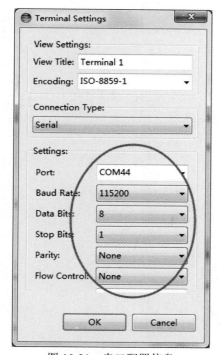

图 10-21　串口配置信息

图 10-22　查看串口号

（4）单击 Connect 按钮，再按 Z-Turn Board 的 Reset 键（K2）可以看到系统打印信息。在 U-Boot 的 3 秒倒计时过程中按下键盘上的任意键让 U-Boot 停止在其命令行模式，如图 10-23 所示。

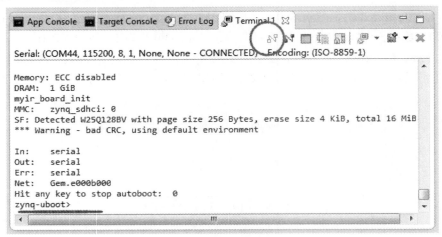

图 10-23　停止在 U-Boot

接下来就可以开始调试步骤了。

10.2.4　配置和调试

（1）选择 DS-5 中的 Run→Debug Configurations 命令，在弹出的对话框中右击 DS-5 Debugger 并选择 New 命令新建一个调试选项，如图 10-24 所示。

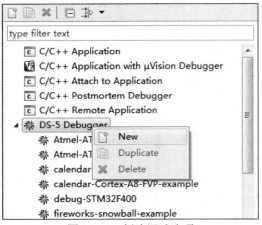

图 10-24　创建调试选项

（2）输入调试选项的名称 z-turn_hello，在 Connection 选项卡中的 Select Target 栏中选择 Xilinx→Zynq-7000 All Programmable Soc (Cascaded)→Bare Metal Debug→Debug Cortex-A9_0，单击 Browse 按钮，选择连接到计算机的仿真器，如 USB:000854，如图 10-25 所示。

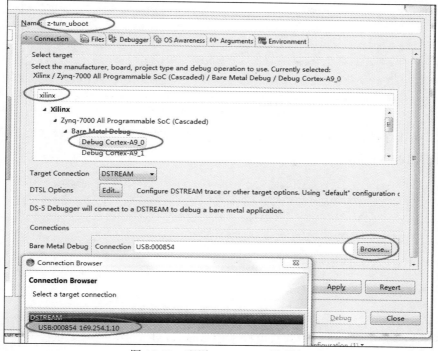

图 10-25　配置 Connection 选项卡

（3）单击 File 选项卡，在 Target Configuration 栏中单击 Workspace 按钮，然后从 Open 对话框中选择 z-turn_hello.axf 镜像文件，如图 10-26 所示。

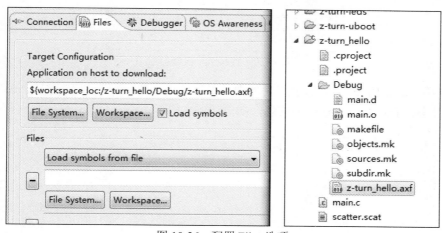

图 10-26　配置 Files 选项

（4）单击 Debugger 选项卡，确保 Debug from symbol 是从 main 开始的，如图 10-27 所示。

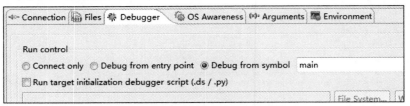

图 10-27　配置 Debugger 选项卡

（5）单击 Debug 按钮开始调试，出现提示是否切换到调试界面对话框，单击 Yes 按钮，如图 10-28 所示。

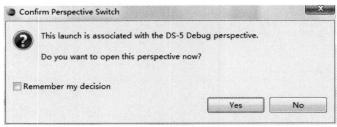

图 10-28　确定切换到调试界面

（6）连接成功后，可以看到蓝色标示的 connected 文字，同时调试控制窗口显示开发板相应的内核。如图 10-29 所示，DS-5 已经连接上了 Z-Turn，并且显示当前连接 Cortex-A9_0 核（如果有多个核，会用#1、#2 等标注多核的序号）。

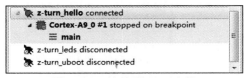

图 10-29　连接到 CPU 内核

（7）单击图 10-29 中的绿色三角形 ▶，程序就会全速运行，在 App Console 选项卡中会打印从 Z-Turn Board 打印的信息，如图 10-30 所示。

图 10-30　输出打印信息

10.2.5 调试界面说明

（1）Debug Control 选项卡。该选项卡上方是一系列调试按钮，可对调试进行控制，内容则显示当前所有的调试连接名称，如图 10-31 所示。

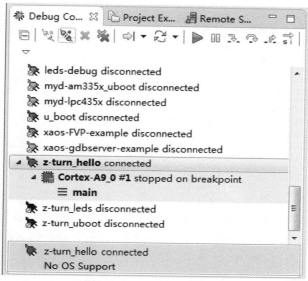

图 10-31 内核和堆栈信息

其中主要按钮的功能如表 10-2 所示。

表 10-2 调试按钮功能说明

按钮	功能
	连接开发板
	断开连接
	删除连接和删除所有连接
	从 main 函数或者 entry point 调试
	全速运行
	停止运行
	单步调试
	切换源代码，选择按 C 程序单步调试或者按汇编程序单步调试

（2）Commands 选项卡。该选项卡记录调试操作相应的命令和提示。Command:文本框中同样可以输入调试命令让开发板执行，比如输入 step 进行单步调试，如图 10-32 所示。

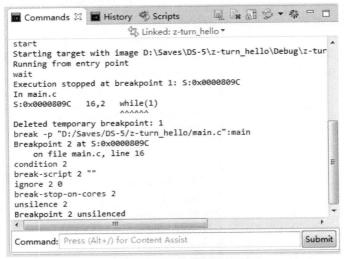

图 10-32　DS-5 命令控制行

History 选项卡记录命令，不记录提示，这些命令可以直接保存成执行脚本。

Scripts 选项卡将本次调试的脚本文件全部列出，双击即可执行。

（3）Registers 选项卡。该选项卡显示内核中的所有寄存器，在调试的时候可以对寄存器的值进行修改，如图 10-33 所示。

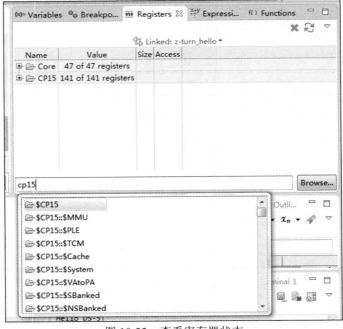

图 10-33　查看寄存器状态

默认情况下，该选项卡并不会列出所有的寄存器，通过在下方的文本框中输入关键词并单击可将需要显示的寄存器显示在 Registers 选项卡中。

（4）Functions 选项卡。该选项卡显示当前程序的所有函数，可以在函数名称上双击设置断点，也可以通过这一选项卡定位到源代码，如图 10-34 所示。

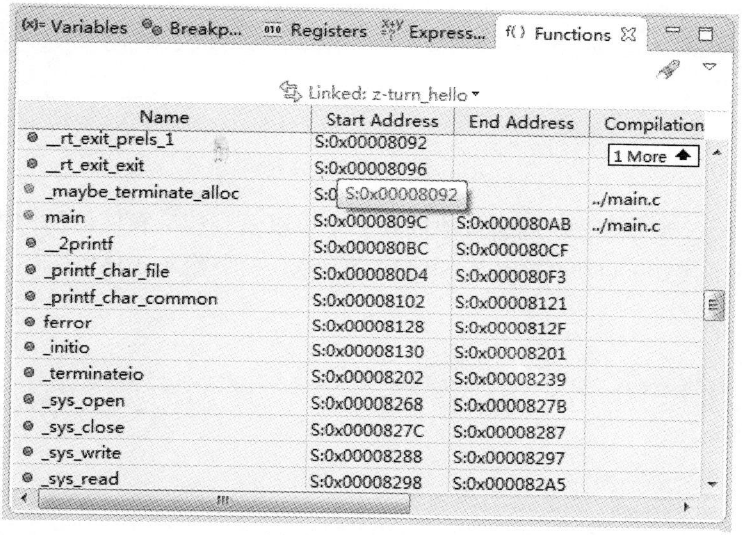

图 10-34　查看函数

Variables 选项卡和 Breakpoints 选项卡分别列出当前程序的所有变量和断点。

（5）源代码选项卡。该选项卡显示 C 或者汇编程序源代码以及当前的调试指针，如图 10-35 所示。

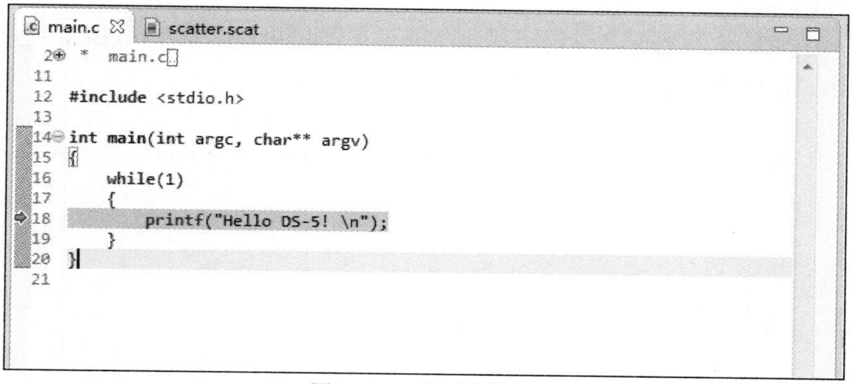

图 10-35　调试源代码

（6）Disassembly 选项卡。该选项卡显示程序对应的反汇编程序、地址和操作数等，如图 10-36 所示。

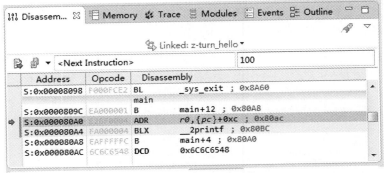

图 10-36 调试汇编程序

（7）Memory 选项卡。通过输入地址和大小可以看到相应存储器的内容。如图 10-37 所示，地址输入 0x00008000（内部 SRAM 地址），大小输入 1024，即可看到对应的存储地址的值。

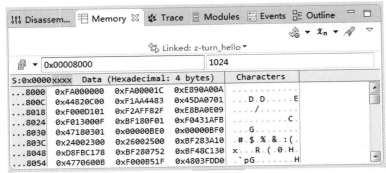

图 10-37 查看 Memory 信息

（8）App Console 选项卡。这里显示了通过半主机机制从 Z-Turn Board 返回的打印信息，如图 10-38 所示。

图 10-38 调试信息输出

单击调试工具栏中的 Continue 按钮,可以看到 App Console 选项卡循环打印出 Hello DS-5!的信息。

（9）完成调试后右击该调试连接，选择 Disconnect from Target 命令从当前连接断开，如图 10-39 所示。

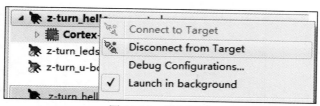

图 10-39　断开调试

至此，基本学会了工程创建、编译配置和调试的功能，下面再来看看如何调试 U-Boot。

10.3　调试 U-Boot

U-Boot 是在操作系统内核运行之前运行的一段小程序，主要用于初始化硬件设备（如电源、时钟、内存控制器），将内核读取到内存 RAM，设置内核启动变量并跳转到内核。U-Boot 属于裸机程序，直接在处理器上运行，不需要操作系统的支持。同时，因为 U-boot 不使用内存管理单元（MMU），所以即使在多核处理器上，也仅会在单核上运行。

本节要用到 Z-Turn Board 提供的 U-Boot 源代码和 u-boot.elf 镜像文件，其中 elf 格式的镜像包含有调试信息，正好可以满足调试需要。当然，也可以自行编译 U-Boot 源代码来获得 elf 的调试镜像。

10.3.1　准备源代码

在 DS-5 中创建一个 C 工程，将 U-Boot 源代码和 u-boot.elf 镜像复制到该工程中。如图 10-40 所示，创建了一个名为 z-turn_uboot 的工程，并复制了相应文件。

10.3.2　配置

（1）在调试 U-Boot 之前也不能让 Linux 系统启动，否则无法正常调试。重启 Z-Turn Board，在 U-Boot 的 3 秒倒计时过程中按下键盘上的任意键，使其停止在 U-Boot 命令模式，如图 10-41 所示。

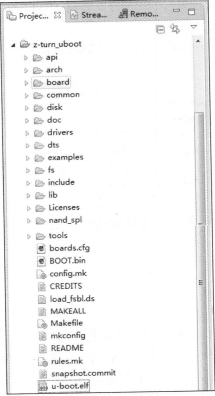

图 10-40　U-Boot 源代码

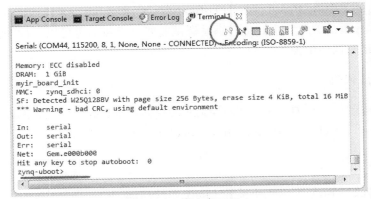

图 10-41　停止在 U-Boot

（2）在 DS-5 的调试界面中，选择 Run→Debug Configurations 命令，在弹出的对话框中选择 DS-5 Debugger，单击 New launch configuration 按钮创建一个调试选项，如图10-42 所示。

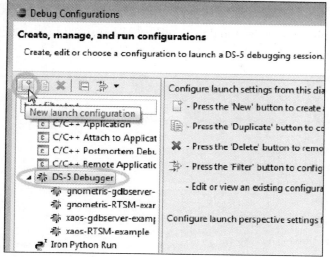

图 10-42　新建调试选项

（3）输入调试选项的名称 z-turn_uboot，在 Connection 选项卡中的 Select Target 栏中选择 Xilinx→Zynq-7000 All Programmable Soc (Cascaded)→Bare Metal Debug→Debug Cortex-A9_0，单击 Browse 按钮，选择连接到计算机的仿真器，如 USB:000854，如图 10-43 所示。

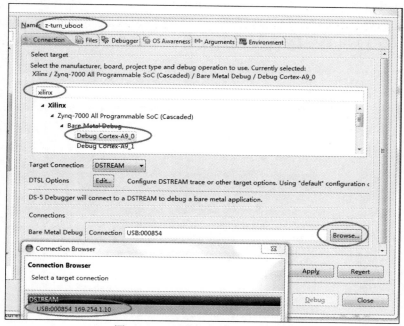

图 10-43　配置 Connection 选项卡

（4）单击 Files 选项卡，如图 10-44 所示，这一步我们需要指定 U-Boot 镜像文件的位置。单击 Application on host to download 下的 Workspace 按钮，选择 z-turn-uboot 工程下的 u-boot.elf 镜像文件并勾选 Load symbols 复选项。

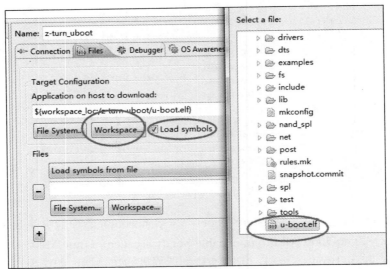

图 10-44　配置 Files 选项卡

（5）单击 Debugger 选项卡，在 Run Control 栏中选择 Debug from entry point 单选项，使 DS-5 加载 U-Boot 镜像后调到程序入口；选择 Execute debugger commands 复选项，在下面的文本框中输入 set var $CP15_ SCTLR.I = 0，禁用 I-Cache，如图 10-45 所示。

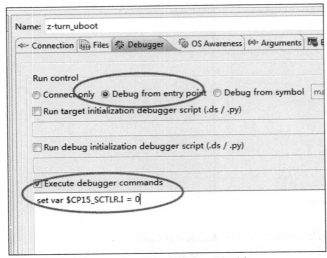

图 10-45　配置 Debugger 选项卡

此处需要特别说明的是 Paths 选项，该选项是 DS-5 调试时搜索源代码的路径，如果 DS-5 找不到源代码，需要在这里进行设置。因为 U-Boot 调试会自动到工程下查找，所以留空即可。

（6）单击 Debug 按钮开始调试。如果 Debug 按钮为灰色，可以查看对话框上方的说明。出现 Confirm Perspective Switch 提示框，选择 Remember my choice 复选项并单击 Yes 按钮确认，如图 10-46 所示。

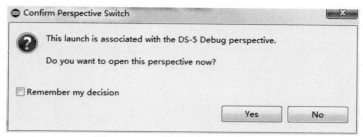

图 10-46　切换到调试界面提示框

（7）DS-5 将加载 U-Boot 到内存中，而 PC 指针也会指向镜像的入口地址，如图 10-47 所示。

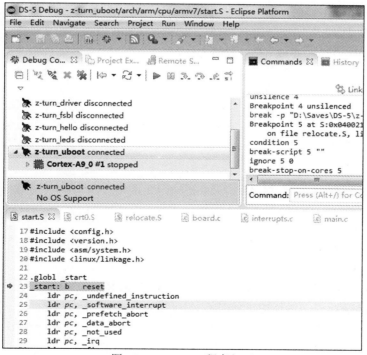

图 10-47　U-Boot 程序入口

10.3.3 调试

U-Boot 调试过程分为两部分：第一部分是代码迁移（relocate）之前，第二部分是代码迁移之后。因为迁移前后的执行地址是两段不同的地址，所以需要通过第一部分获得迁移后的偏移地址，重新加载 U-Boot 后再继续调试第二部分，具体步骤如下：

（1）在 Function 选项卡中单击"搜索"按钮，输入 relocate 搜索，在结果中双击 relocate_code 函数，在 Function 选项卡中定位到该函数后双击其名称添加一个断点，如图 10-48 所示。

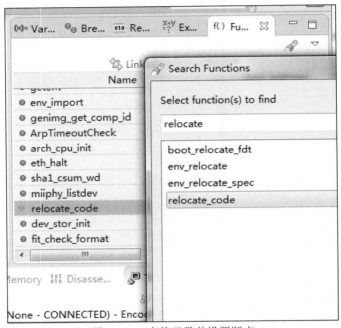

图 10-48　查找函数并设置断点

（2）按 F8 键全速运行到该断点处，再按 F5 键执行两个单步调试，让程序运行完下面的语句：

```
    subs  r4, r0, r1        /* r4 <- relocation offset */
```

从注释中不难看出，这条语句执行后，寄存器 R4 就保存了 U-Boot 程序迁移（relocate）后的 offset 偏移地址，如图 10-49 所示。

切换到 Register 选项卡，打开 Core 组，可以看到 R4 寄存器的值是 0X3BF72000，所以 U-Boot 程序迁移的偏移地址就是 0X3BF72000，如图 10-50 所示。

（3）在当前源文件的第 71 行也就是 relocate_code 函数的最后一条指令 bx lr 处设置断点，并按 F8 键全速运行到该断点处，如图 10-51 所示。

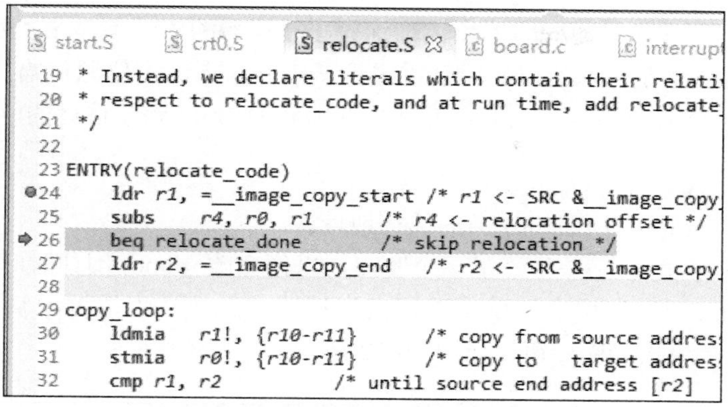
start.S
crt0.S
relocate.S
board.c
interrupt
19 * Instead, we declare literals which contain their relati
20 * respect to relocate_code, and at run time, add relocate
21 */
22
23 ENTRY(relocate_code)
24 ldr r1, =__image_copy_start /* r1 <- SRC &__image_copy
25 subs r4, r0, r1 /* r4 <- relocation offset */
26 beq relocate_done /* skip relocation */
27 ldr r2, =__image_copy_end /* r2 <- SRC &__image_copy
28
29 copy_loop:
30 ldmia r1!, {r10-r11} /* copy from source addres
31 stmia r0!, {r10-r11} /* copy to target addres
32 cmp r1, r2 /* until source end address [r2]
图 10-49　单步运行

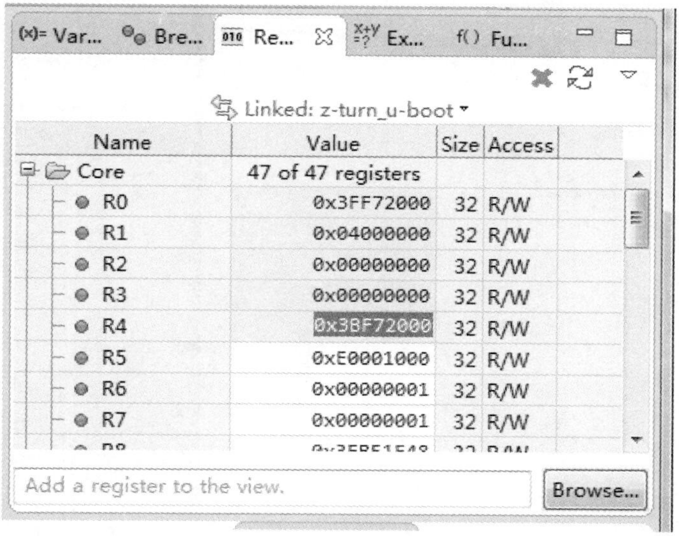
(x)= Var...
Bre...
Re...
Ex...
f() Fu...
Linked: z-turn_u-boot
Name
Value
Size
Access
Core
47 of 47 registers
R0 0x3FF72000 32 R/W
R1 0x04000000 32 R/W
R2 0x00000000 32 R/W
R3 0x00000000 32 R/W
R4 0x3BF72000 32 R/W
R5 0xE0001000 32 R/W
R6 0x00000001 32 R/W
R7 0x00000001 32 R/W
Add a register to the view.
Browse...
图 10-50　查看寄存器的值

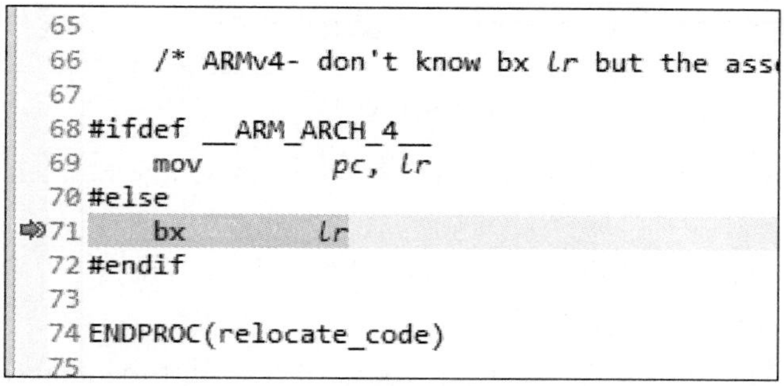
65
66 /* ARMv4- don't know bx lr but the ass
67
68 #ifdef __ARM_ARCH_4__
69 mov pc, lr
70 #else
71 bx lr
72 #endif
73
74 ENDPROC(relocate_code)
75
图 10-51　运行到程序迁移之前

（4）再按一次 F5 键使程序单步运行到程序迁移后的第一条命令，因为迁移后的地址还未加载 U-Boot 镜像，所以此时会丢失调试指针，无法定位源代码。在命令行中依次输入下面的两个命令卸载原来的镜像并重新加载 U-Boot 到迁移后的位置：

```
file
add-symbol-file z-turn_uboot/u-boot.elf 0x3BF72000
```

其中 0x3BF72000 为上面 R4 中的偏移地址。

（5）在 main_loop 函数中添加一个断点，以便修改 u-boot 倒计时时间。

切换到 Function 选项卡，单击"搜索"按钮，在"搜索"框中输入 main，选择 main_loop 函数，单击 OK 按钮，如图 10-52 所示。

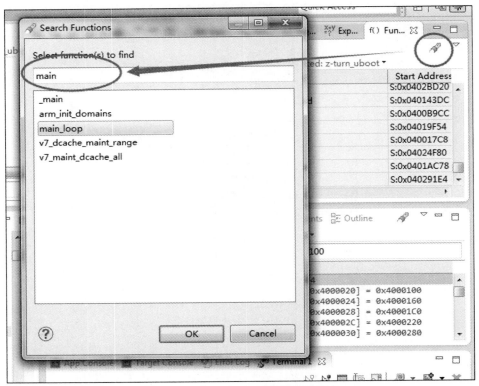

图 10-52　在 main_loop 函数设置断点

（6）定位到 main_loop 函数后右击并选择 Show in Source 命令，打开对应的源代码，如图 10-53 所示。

（7）进入 main.c 源代码后，双击源代码 373 行行号前设置一个断点，按 F8 键全速运行到该断点处，位置如图 10-54 所示。

（8）切换到 Variables 选项卡，展开 Locals 变量，其中 bootdelay 就是 U-Boot 引导 Linux 内核的倒计时，我们将原来的 3s 改成 30s，如图 10-55 所示。

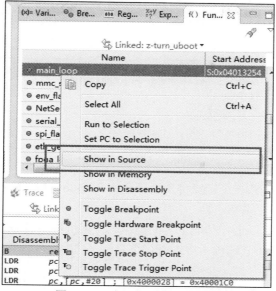

图 10-53　在源代码中查看函数

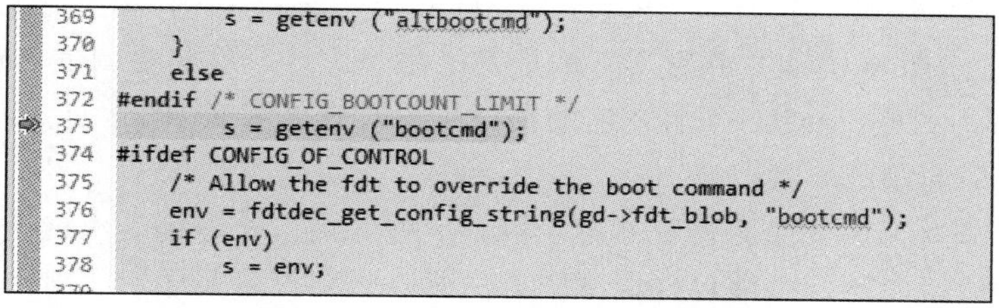

```
369        s = getenv ("altbootcmd");
370      }
371      else
372  #endif /* CONFIG_BOOTCOUNT_LIMIT */
373        s = getenv ("bootcmd");
374  #ifdef CONFIG_OF_CONTROL
375      /* Allow the fdt to override the boot command */
376      env = fdtdec_get_config_string(gd->fdt_blob, "bootcmd");
377      if (env)
378        s = env;
```

图 10-54　U-Boot 启动中设置断点

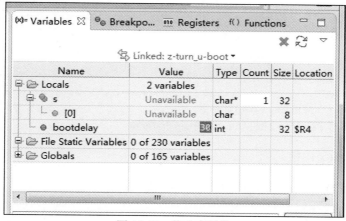

图 10-55　修改变量值

（9）按 F8 键全速运行，即可看到 U-Boot 开始启动，其倒计时也变为 30s，运行效果如图 10-56 所示。

```
In:     serial
Out:    serial
Err:    serial
Net:    Gem.e000b000
Hit any key to stop autoboot: 27
```

图 10-56　U-Boot 运行效果

（10）此时按下任意一个键盘键均会停止在 U-Boot 的控制台。如果倒计时完毕，则 U-Boot 会引导 Linux 系统启动。

当然，在这里还可以进行其他更多的操作，与裸机程序类似，这里不再叙述。调试完成后，在 Debug Control 选项卡中断开当前连接。

10.4　调试 Linux 内核

Linux 内核启动可以分为两个过程：MMU 开启之前和 MMU 开启之后。MMU 开启之前的调试与 U-Boot 类似，并且所有地址都是物理地址。除非要调试 Bug 或者要了解代码执行过程，否则 MMU 开启之前的调试工作没有太大必要。因此，本节着重讲述 MMU 开启之后的调试步骤。

为了减小镜像尺寸、节约产品存储空间，一般在内核镜像都是不含调试信息的。而要使用 DS-5 调试内核，必须包含调试信息，所以必须重新编译一次内核。内核编译完成后，要更新内核镜像到 SD Card 中，然后设置启动方式为 SD Card 启动，即 JP1 断开，JP2 连接。

10.4.1　配置编译环境

配置编译器路径，在 Linux 主机中：

```
$ export ARCH=arm
$ export PATH=$PATH:/home/gary/toolchain/CodeSourcery/Sourcery_CodeBench_Lite_for_Xilinx_GNU_Linux/bin
$ export CROSS_COMPILE=arm-xilinx-linux-gnueabi-
```

其中交叉编译器的路径根据自己的实际情况修改。

10.4.2　编译 Linux 内核

（-1）解压内核压缩包，然后进入解压后的目录。

```
$ tar jxvf linux-xlnx.tar.bz2
$ cd linux-xlnx/
```

（2）清除项目并打开 menuconfig 配置。

```
$ make distclean
$ make zynq_zturn_defconfig
$ make menuconfig
```

（3）在 menuconfig 中需要：

- 配置 Kernel debugging 开启（该选项默认已经开启），即符号 DEBUG_KERNEL=y，具体为：

```
Kernel hacking   --->
[*] Kernel debugging
```

- 配置 Compile the kernel with debug info 开启，即符号 DEBUG_INFO=y，具体为：

```
Kernel hacking   --->
Compile-time checks and compiler options   --->
[*] Compile the kernel with debug info
```

- 配置 Reduce debugging information 关闭（该选项依赖 DEBUG_INFO，默认已经关闭），即符号 DEBUG_INFO_REDUCED=n，具体为：

```
Kernel hacking   --->
Compile-time checks and compiler options   --->
Compile the kernel with debug info   --->
[] Reduce debugging information
```

- 配置 Reduce debugging information 关闭，即符号 PERF_EVENTS=n，具体为：

```
General setup   --->
Kernel Performance Events And Counters   --->
[] Kernel performance events and counters
```

（4）配置完成后，按两次 Esc 键，选择 YES 保存退出，再编译：

```
$ make uImage –j4
```

编译完成后，会在编译目录下生成包含调试信息的 vmlinux 镜像文件。

为保证能正常调试，还要将新生成的 uImage 文件更新到 Z-Turn Board 的 SD Card 上，覆盖原来的 uImage，确保调试的内核版本与 SD Card 上的一致。

10.4.3　准备源代码

（1）选择 DS-5 中的 File→New→Project 命令，弹出如图 10-57 所示的对话框，在其中选择 General→Project，然后单击 Next 按钮。

（2）弹出 Project 对话框，在 Project name 文本框中输入工程名称，这里以 z-turn_kernel 为例，如图 10-58 所示，单击 Next 按钮。

（3）创建完成后，把 Linux 内核源代码和 vmlinux 文件复制到该工程目录下。因为内核源代码文件较多，所以复制过程会花费较长时间。复制完成后如图 10-59 所示。

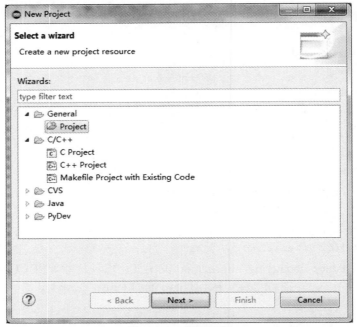

图 10-57　创建工程

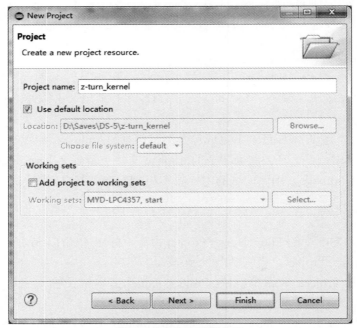

图 10-58　设置工程名称

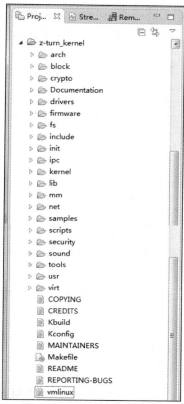

图 10-59　导入内核源代码

10.4.4　内核调试

（1）在调试内核之前先要阻止 Linux 系统启动。如图 10-60 所示，上电重启 Z-Turn Board，在 U-Boot 的 3 秒倒计时过程中按键盘上的任意键使其停止在 U-Boot 命令模式。

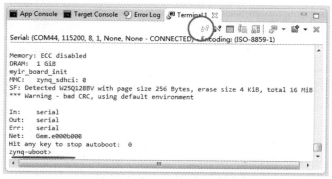

图 10-60　停止在 U-Boot

（2）选择 DS-5 中的 Run→Debug Configurations 命令，在弹出的对话框中右击 DS-5 Debugger 并选择 New 命令新建一个调试选项，如图 10-61 所示。

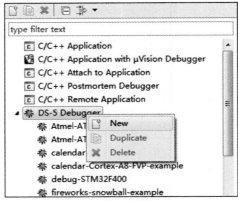

图 10-61　新建调试配置

（3）输入调试选项的名称，如 z-turn_kernel，在 Connection 选项卡的 Select target 栏中配置：

> Xilinx
>Zynq-7000 All Programmable Soc (Cascaded)
>Linux Kernel and/or Device Driver Debug
>Debug Cortex-A9x2 SMP

单击 Browse 按钮找到连接到计算机的仿真器，如 USB:000854，具体如图 10-62 所示。

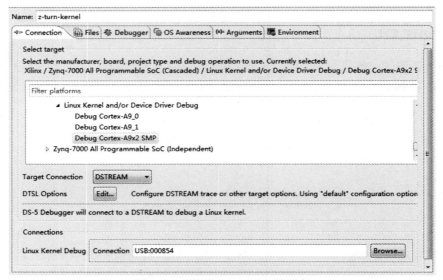

图 10-62　配置 Connection 选项卡

（4）File 选项卡中的内容保留为空，以确保在加载调试信息时开发板在停止状态。

（5）Debugger 选项卡中的 Run control 选择 Connect only，选择 Execute debugger commands 复选项并在文本框中输入：

```
stop
add-symbol-file z-turn_kernel/vmlinux
```

Paths 通过 Browse 按钮选择工程目录：${workspace_loc:/z-turn_kernel}，如图 10-63 所示。

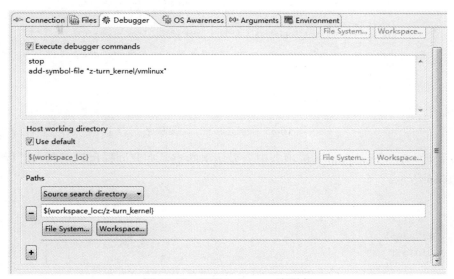

图 10-63　配置 Debugger 选项卡

（6）单击 Debug 按钮开始调试，成功连接后如图 10-64 所示，此时两个 Cortex-A9 都处于停止状态，并且调试器在等待 Linux OS 初始化。

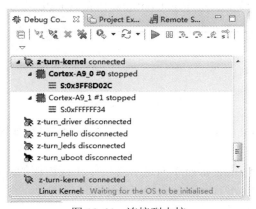

图 10-64　连接到内核

（7）使用 break start_kernel 命令在内核启动函数设置一个断点，如图 10-65 所示。

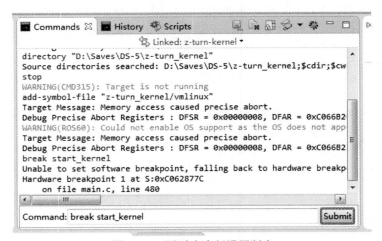

图 10-65　通过命令行设置断点

设置后，在 Breakpoints 选项卡中会显示出断点，在此同样可以对断点进行编辑，如图 10-66 所示。

图 10-66　断点列表

（8）单击 DS-5 调试工具栏中的 Continue 按钮让 CPU 继续运行，如图 10-67 所示。

图 10-67　全速运行按钮

（9）在 Z-Turn Board 的 U-Boot 命令行中输入 boot 命令，如图 10-68 所示，让 U-Boot 引导并启动内核。

（10）串口打印 Starting kernel 消息后就会停止在内核的入口函数 start_kernel，如图 10-69 所示。此时内核处于早期启动程序，没有任何进程，串口驱动也还没有初始化，所以在串口终端不会打印信息。

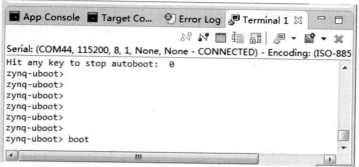

App Console
Target Co...
Error Log
Terminal 1
Serial: (COM44, 115200, 8, 1, None, None - CONNECTED) - Encoding: (ISO-885
Hit any key to stop autoboot: 0
zynq-uboot>
zynq-uboot>
zynq-uboot>
zynq-uboot>
zynq-uboot>
zynq-uboot>
zynq-uboot> boot

图 10-68　启动内核

main.c
474 percpu_init_late();
475 pgtable_init();
476 vmalloc_init();
477 }
478
479 asmlinkage __visible void __init start_kernel(void)
480 {
481 char * command_line;
482 extern const struct kernel_param __start___param[],
483
484 /*
485 * Need to run as early as possible, to initialize
486 * lockdep hash:
487 */
488 lockdep_init();

图 10-69　内核起始代码

（11）在源代码的第 509 行找到 setup_arch 函数调用，在前面双击设置断点，如图 10-70 所示。该函数的前一个调用 pr_notice 会通过 printk 函数打印出系统消息。

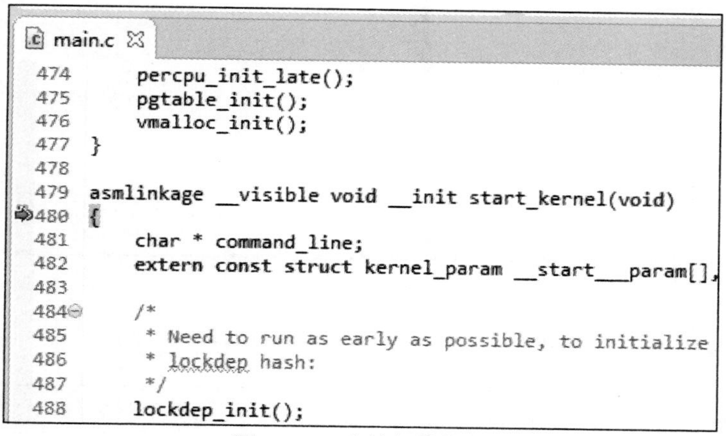

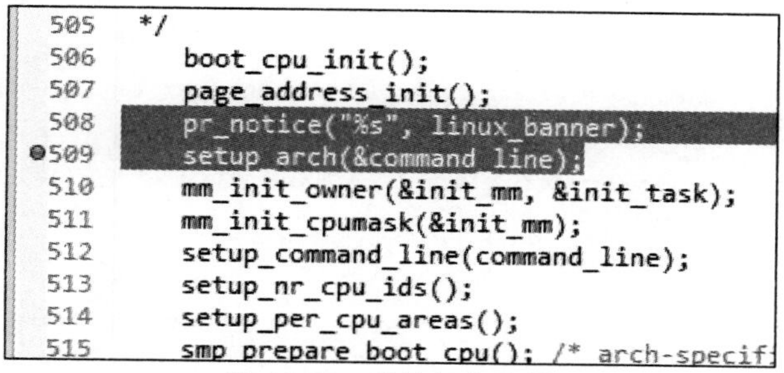

505 */
506 boot_cpu_init();
507 page_address_init();
508 pr_notice("%s", linux_banner);
509 setup_arch(&command_line);
510 mm_init_owner(&init_mm, &init_task);
511 mm_init_cpumask(&init_mm);
512 setup_command_line(command_line);
513 setup_nr_cpu_ids();
514 setup_per_cpu_areas();
515 smp_prepare_boot_cpu(); /* arch-specif

图 10-70　系统打印代码

（12）单击 DS-5 调试工具栏中的 Continue 按钮继续运行，直到停止在 setup_arch 断点处。

（13）虽然此时串口看不到任何打印消息，但是通过调试命令同样可以获取到这些信息。如图 10-71 所示，在 Command 文本框中输入 info os-log 查看打印的消息，或者输入 info os-version 命令查看系统版本。

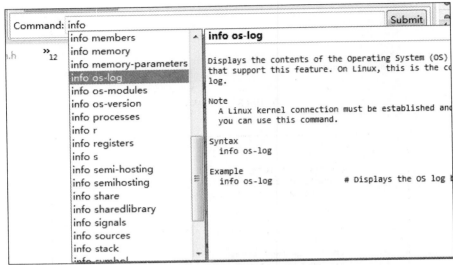

图 10-71　以命令方式查看打印信息

info os-log 和 info os-version 命令的输出结果如图 10-72 所示。

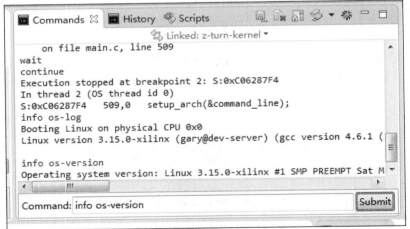

图 10-72　打印信息结果

更多查看命令可以输入 info 关键词，再按 Alt+/键获取命令列表和帮助。

（14）再次运行，让系统启动后暂停，即可看到很多线程以及各自的堆栈，如图 10-73 所示。

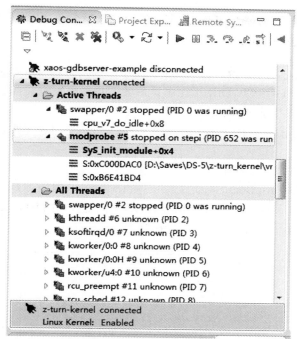

图 10-73　线程和堆栈

以上就是对 Linux Kernel 的调试，调试完成后断开调试连接。

10.5　调试 Linux 驱动模块

对于 Linux 开发者，驱动模块的编写和调试绝对是不可或缺的一环，因为相当大一部分开发工作都是驱动设计，所以本节以 DS-5 自带的驱动模块 modex 为例来详细说明驱动程序的调试过程。

因为硬件驱动算是 Linux 内核的一部分，所以在调试时也同样需要内核源代码和 **vmlinux** 镜像文件。

10.5.1　编译驱动模块

为了让驱动能在内核中运行，还需要重新编译一遍驱动模块，以保证其版本对应。

（1）解压 DS-5 安装目录…\DS-5\examples 下的 Linux_examples.zip 压缩包，将 kernel_module 目录复制到 Linux 主机。

（2）在 Linux 主机中配置好编译环境：

```
$ export ARCH=arm
$ export PATH=$PATH:/home/gary/toolchain/CodeSourcery/Sourcery_CodeBench_Lite_for_Xilinx_GNU_Linux/bin
$ export CROSS_COMPILE=arm-xilinx-linux-gnueabi-
```

其中交叉编译器的路径根据自己的实际情况修改。

（3）进入 kernel_module 目录，编译：

```
$ cd kernel_module
$ make -f Makefile_generickernel KERNEL_SOURCE_DIR=/home/gary/z-turn/kernel/linux-xlnx/
```

其中 KERNEL_SOURCE_DIR 指定编译后的 Linux 内核驱动程序源代码。编译完成后，在 generic 目录下生成 modex.ko 文件。

（4）Z-Turn Board 重新上电，进入 Linux 系统，将 modex.ko 文件复制到 Z-Turn Board 上并通过命令插入：

```
# insmod modex.ko
```

插入之后，在 Z-Turn Board 系统上会生成/dev/modex 设备节点。

（5）在 DS-5 中新建一个名为 z-turn_driver 的工程，并将 kernel_module 源代码和 modex.ko 文件复制到工程目录下，如图 10-74 所示。

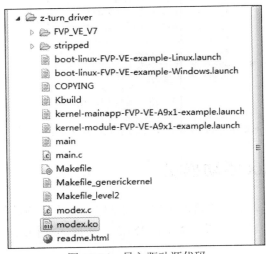

图 10-74　导入驱动源代码

10.5.2　配置调试选项

调试驱动模块之前要重新创建一个调试项，配置相关选项后再进行调试。

（1）在 DS-5 的调试界面中选择 Run→Debug Configurations 命令，在弹出的对话框中选择 DS-5 Debugger，单击 New launch configuration 按钮创建一个调试选项，如图 10-75 所示。

（2）输入调试选项的名称，如 z-turn_driver，在 Connection 选项卡的 Select target 栏中配置：

```
> Xilinx
>Zynq-7000 All Programmable Soc (Cascaded)
```

>Linux Kernel and/or Device Driver Debug
>Debug Cortex-A9x2 SMP

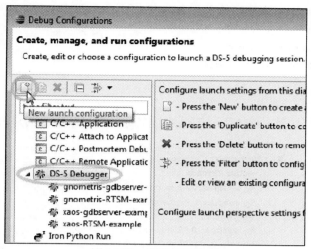

图 10-75　新建调试选项

　　单击 Browse 按钮找到连接到计算机的仿真器，如 USB:000854，具体如图 10-76 所示。

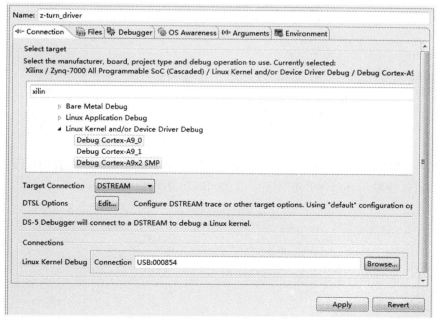

图 10-76　配置 Connection 选项卡

（3）Files 选项卡中的内容全部留空。

（4）Debugger 选项卡中的 Run control 选择 Connect only，选择 Execute debugger commands 复选项并在文本框中输入：

```
interrupt
add-symbol-file z-turn_kernel/vmlinux
```

（5）单击 Debug 按钮开始调试。

10.5.3 调试

如图 10-77 所示，连接成功后，调试连接名称中会显示所有的进程和当前激活进程。

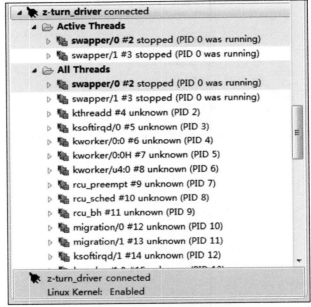

图 10-77 系统进程列表

同时，在 DS-5 的 Module 选项卡中会列出刚才插入的驱动，因为我们还没有导入驱动镜像，所以会显示 no symbols 字样，如图 10-78 所示。

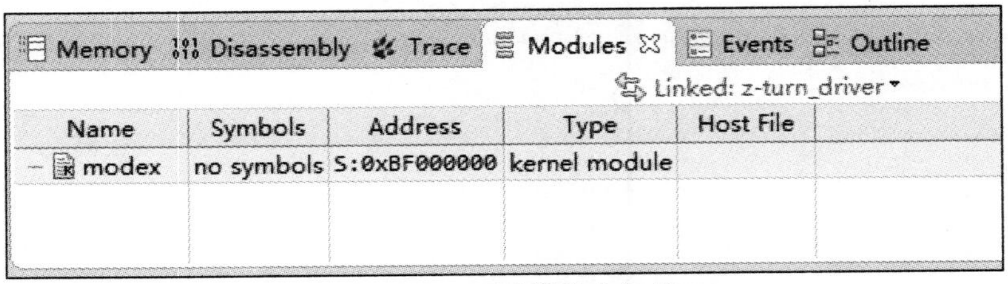

Name	Symbols	Address	Type	Host File
— modex	no symbols	S:0xBF000000	kernel module	

图 10-78 驱动模块未加载

（1）单击调试控制面板上方的下拉箭头，选择 Load，在弹出对话框的 Load Type 下拉列表框中选择 Add Symbol File，从 Workspace 下拉列表框中选择 modex.ko 文件，如图 10-79 所示。

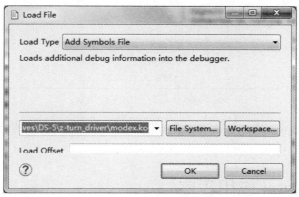

图 10-79　选择驱动模块

（2）单击 OK 按钮确定导入，此时 Modules 选项卡中的 modex 模块会变成 loaded 状态，如图 10-80 所示。

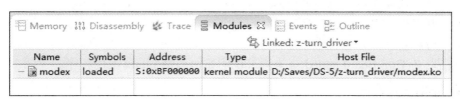

图 10-80　驱动模块加载完成

（3）在 Command 选项卡中用 break 命令在驱动源代码 modex_write 函数处添加一个断点：

```
break modex_write
```

（4）在调试工具栏中单击 Continue 按钮（或者按 F8 键）运行，因为还没有任何命令或者应用程序调用驱动模块，所以系统继续运行，不会进入驱动。

在 Z-Turn Board 串口终端中输入以下命令向 modex 驱动写一个字符：

```
# echo a > /dev/modex
```

（5）此时系统会调用驱动模块，且程序会停止在断点上，如图 10-81 所示。选择 84 行中的内容，右击并选择 Run to Selection，让程序运行到这一行。

（6）单击调试工具栏中的 Step Over Source Line 按钮，单步执行该行，程序会打印 printk 中的以下信息：

```
modex received value: 'a' 97
```

（7）单击 Continue 按钮全速运行，使驱动程序执行完毕。

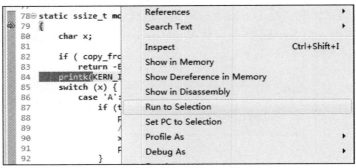

图 10-81　运行到指定代码行

这样便完成了驱动的调试，当然实际的调试还需要根据具体情况设置断点和查看状态。调试完成之后可以删除所有断点并断开调试。

10.6　调试 Linux 应用程序

DS-5 调试应用程序与调试 U-Boot 和 kernel 不同，不涉及底层应用，所以不需要硬件仿真器，仅需在开发板上移植好 gdbserver 应用，开发板与 PC 机局域网内连通后即可调试。当然，还需要满足以下两个基本条件：

● 开发板与 PC 机之间能够相互 ping 通。

● 应用程序必须包含调试信息（编译选项包含-g）。

下面以 Z-Turn Board 的 led 灯为例来说明如何调试 Linux 应用程序。

10.6.1　编译应用程序

自带的 led 灯应用的镜像文件不包含调试信息，需要重新编译该应用程序，加上-g调试参数，否则调试过程会出现如下警告：

WARNING(IMG53): led-test has no source level debug information

DS-5 调试器找不到镜像文件中的调试信息，没办法定位到源代码，失去调试的意义。

（1）配置编译器路径，在 Linux 主机中：

```
$ export ARCH=arm
$ export PATH=$PATH:/home/gary/toolchain/CodeSourcery/Sourcery_CodeBench_Lite_for_Xilinx_GNU_Linux/bin
$ export CROSS_COMPILE=arm-xilinx-linux-gnueabi-
```

其中交叉编译器的路径根据自己的实际情况修改。

（2）将 led 应用程序源代码和 Makefile 文件复制到 Linux 主机，编辑 Makefile 文件，在 CFLAGS = -Wall 编译选项之后添加-g 参数，如下：

```
CFLAGS = -Wall -g
```

（3）重新编译，命令为：

```
make
```

编译完成后，当前目录生成包含调试信息的 led-test 镜像文件。

（4）打开 DS-5，单击右上角的 C/C++按钮，如图 10-82 所示，返回到工程管理界面。

图 10-82　切换到工程管理界面

（5）新建一个名为 z-turn_leds 的 C++工程，并将 led 程序源代码和镜像文件复制到该工程中，如图 10-83 所示。

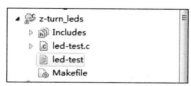

图 10-83　导入 led 例程

10.6.2　配置 RSE

DS-5 远程系统浏览器（Remote System Explorer，RSE）集成了 SCP 和 SSH 主机功能，可以通过网络连接和控制开发板，并能轻易地在 PC 主机和开发板间传输文件。

（1）Z-Turn Board 上的跳帽 JP1 连接、JP2 断开，重新上电，从 SD Card 启动 ramdisk Linux 系统。

（2）系统启动完成后，通过串口控制台修改 root 用户的密码（默认密码为空，无法使用 SSH），命令为：

```
# passwd root
Changing password for root
New password:
Bad password: too short
Retype password:
Password for root changed by root
```

为了方便记忆，可以设置密码与用户名相同，都为 root。输入密码过程中并不会显示密码字符，完成后按回车键即可，最后提示 Password for root changed by root 说明修改成功。

（3）使用网线连接开发板和 PC 机，配置开发板 IP，使之与计算机在同一网段。例如 PC 机 IP 为 192.168.1.100，则可以设置 Z-Turn Board 的 IP 为 192.168.1.66，命令为：

```
# ifconfig eth0 192.168.1.66
```

配置完成后，查看是否能够 ping 通 PC 主机，如下：

```
# ping 192.168.1.100
PING 192.168.1.100 (192.168.1.100): 56 data bytes
```

```
64 bytes from 192.168.1.100: seq=0 ttl=64 time=1159.494 ms
64 bytes from 192.168.1.100: seq=1 ttl=64 time=159.420 ms
64 bytes from 192.168.1.100: seq=2 ttl=64 time=116.565 ms
^C
--- 192.168.1.100 ping statistics ---
3 packets transmitted, 3 packets received, 0% packet loss
round-trip min/avg/max = 116.565/478.493/1159.494 ms
```

说明局域网络中，开发板和 PC 机现在已经可以正常连通。接下来配置 PC 机 DS-5 RSE。

（4）打开 DS-5，单击软件右上角的 DS-5 Debug perspective 按钮，如图 10-84 所示，切换到调试界面。

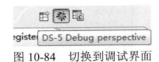

图 10-84　切换到调试界面

（5）单击 Remote Systems 选项卡。如果没有这个选项卡，则从菜单栏中选择 Window →Show View→Other 命令，在弹出的对话框中选择 Remote Systems→Remote Systems，如图 10-85 所示，单击 OK 按钮打开 Remote Systems 选项卡。

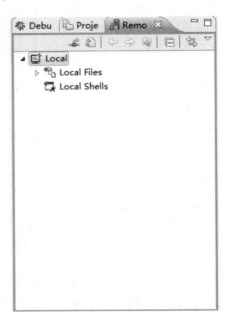

图 10-85　打开 Remote Systems 选项卡

（6）在 Remote Systems 选项卡的空白区域右击并选择 New Connection 命令，如图 10-86 所示。

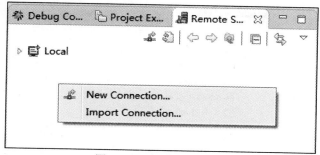

图 10-86　新建 RSE 连接

（7）在弹出的对话框中选择 Linux，单击 Next 按钮。

（8）在 Host name 文本框中输入开发板 IP，在 Connection name 文本框中输入连接名称，在 Description 文本框中输入连接描述或留空，如图 10-87 所示，然后单击 Next 按钮。

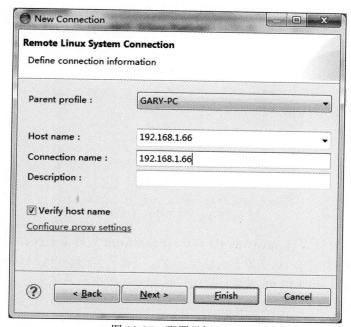

图 10-87　配置目标 Host

（9）在 Files 对话框中选择 ssh.files，单击 Next 按钮。

（10）其他全部用默认设置，最后单击 Finish 按钮即可看到远程系统中添加了 192.168.1.66 连接，如图 10-88 所示。

（11）右击 192.168.1.66 连接并选择 connect 命令，在弹出的对话框中输入开发板的用户名和密码，如图 10-89 所示。

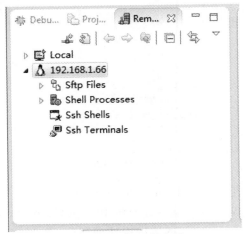

图 10-88　配置完成

图 10-89　输入并保存密码

为了方便，可以勾选 Save user ID 和 Save password 复选项来保存用户名和密码。

（12）如果弹出提示对话框，直接单击 Yes 按钮，此时会看到 Linux 的企鹅图标旁边多了绿色箭头，如图 10-90 所示，说明连接开发板正确。

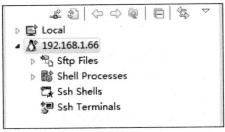

图 10-90　连接成功

完成后，即可使用 RSE 的 sftp Fileses 查看、管理开发板的文件系统。如图 10-91 所示，可以看到开发板中根目录下的文件。

图 10-91　目标板文件系统

10.6.3　调试

（1）如图 10-92 和图 10-93 所示，同时打开 Project Explorer 和 Remote Systems 选项卡，然后将 led-test 镜像文件和 gdbserver 拖动复制到开发板中。

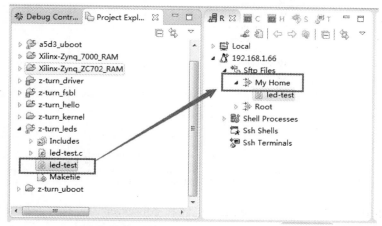

图 10-92　通过 RSE 复制 led 程序至目标板

其中 gdbserver 在 DS-5 安装目录…\DS-5\sw\gcc\arm-linux-gnueabihf\debug-root\ usr\bin 下。

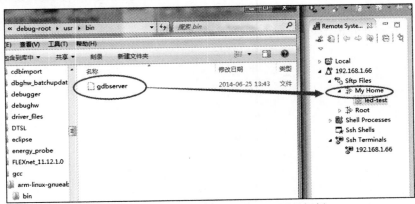

图 10-93　通过 RSE 复制 gdbserver 至目标板

> **说明**
>
> 这里使用 Z-Turn Board 上的 Ramdisk 文件系统，系统运行在 SDRAM 内存中，开发板复位会清除所有用户数据。所以，如果需要启动后能够保存数据，则可将程序保存在 SD Card 目录 /mnt/mmcblk0p1/ 中。

（2）在 Remote Systems 视图的开发板连接下右击 Ssh Terminals 并选择 Launch Terminal 命令，打开一个 SSH 控制终端，如图 10-94 所示。

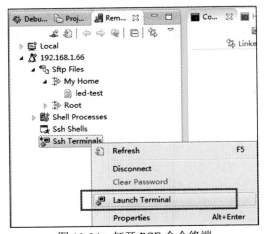

图 10-94　打开 RSE 命令终端

（3）在 SSH 控制终端中更改 led-test 镜像和 gdbserver 为可执行的权限并启动调试。

```
# cd /root
# chmod+x led-test gdbserver
# gdbserver 192.168.1.100:5000 hello
```

如上 192.168.1.100 是计算机主机的 IP 地址，5000 是端口号，成功后提示信息如下：

Process hello created; pid = 718
Listening on port 5000

（4）在 DS-5 中选择 Run→Debug Configurations 命令，如图 10-95 所示，打开调试配置。

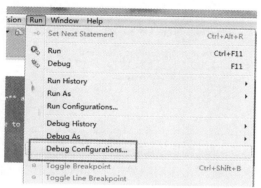

图 10-95　打开调试配置

（5）双击左侧的 DS-5 Debugger 新建一个名为 z-turn-leds 的调试项，然后设置 Connection 选项卡如图 10-96 所示，其中 Select target 配置为：

> Xilinx
>Zynq-7000 All Programmable Soc (Cascaded)
>Linux Application Debug
>Connect to already running gdbserver

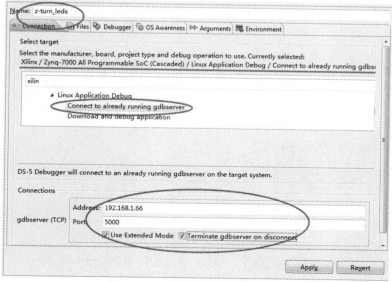

图 10-96　配置 Connection 选项卡

（6）单击 Files 选项卡，再单击 Workshop 按钮，配置为 z-turn_leds 工程下的 led-test 执行文件，如图 10-97 所示。

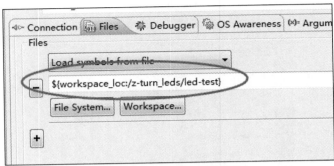

图 10-97　配置 Files 选项卡

如果应用程序中还包含有库文件，则单击下面的+号把库文件也同时加上，这里没有，所以不用加。

（7）单击 Debugger 选项卡，在 Run control 中选择 Run from symbol: main，在 Paths 栏的 Workspace 中选择 z-turn-leds 工程目录，单击 Apply 按钮保存，如图 10-98 所示。

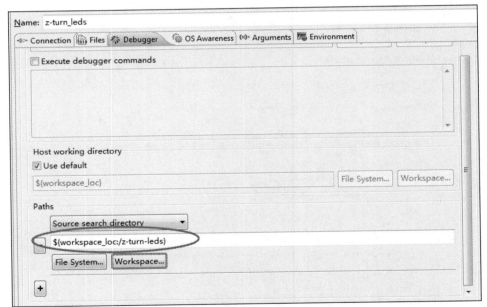

图 10-98　配置 Debugger 选项卡

（8）单击 Debug 按钮开始调试，DS-5 显示的情况如图 10-99 所示。

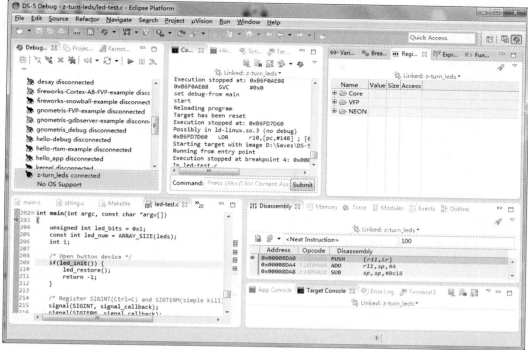

图 10-99　连接成功界面

（9）在 led-test.c 的 usleep(LED_DELAY_US);语句设置一个断点，如图 10-100 所示。

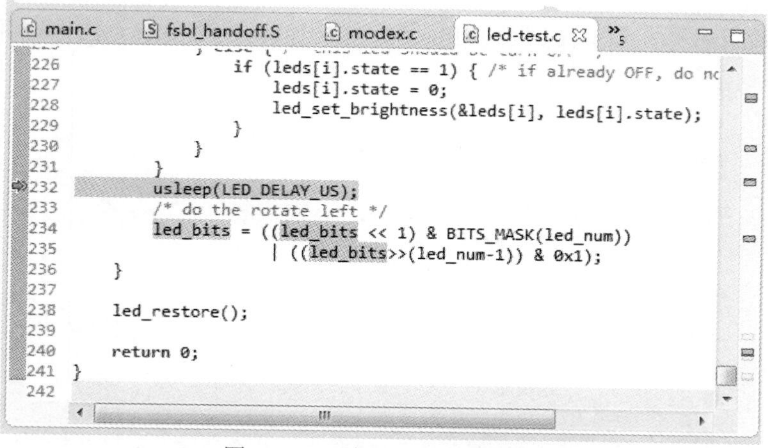

```
226              if (leds[i].state == 1) { /* if already OFF, do no
227                  leds[i].state = 0;
228                  led_set_brightness(&leds[i], leds[i].state);
229              }
230          }
231      }
232      usleep(LED_DELAY_US);
233      /* do the rotate left */
234      led_bits = ((led_bits << 1) & BITS_MASK(led_num))
235              | ((led_bits>>(led_num-1)) & 0x1);
236  }
237
238  led_restore();
239
240  return 0;
241  }
242
```

图 10-100　在 usleep 设置断点

（10）单击调试工具栏中的 Continue 按钮，程序开始运行到断点处，终端输出信息：

```
# ./gdbserver 192.168.1.100:5000 led-test
Process led-test created; pid = 718
```

```
Listening on port 5000
Remote debugging from host 192.168.1.100
[usr_led1] Get trigger: 'none'
[usr_led1] Set trigger to 'none'
[usr_led2] Get trigger: 'none'
[usr_led2] Set trigger to 'none'
[    led_r] Get trigger: 'heartbeat'
[    led_r] Set trigger to 'none'
[    led_g] Get trigger: 'heartbeat'
[    led_g] Set trigger to 'none'
[    led_b] Get trigger: 'heartbeat'
[    led_b] Set trigger to 'none'
```

（11）因为程序是无限循环，所以多次单击 Continue 按钮可以看到 Z-Turn Board 上 led 指示灯的变化。

（12）在 DS-5 的 Debug Control 选项卡中，这时看到的就不是具体的 ARM 内核，而是各个进程。如图 10-101 所示，如果是多线程程序，在 All Threads 下就会列出所有进程，Active Thread 下则会列出当前正在运行的进程。

图 10-101　当前运行的线程

（13）除了进程，其他调试功能和硬件调试类似，也可以看到内核寄存器、反汇编程序、变量和函数等，如图 10-102 所示。

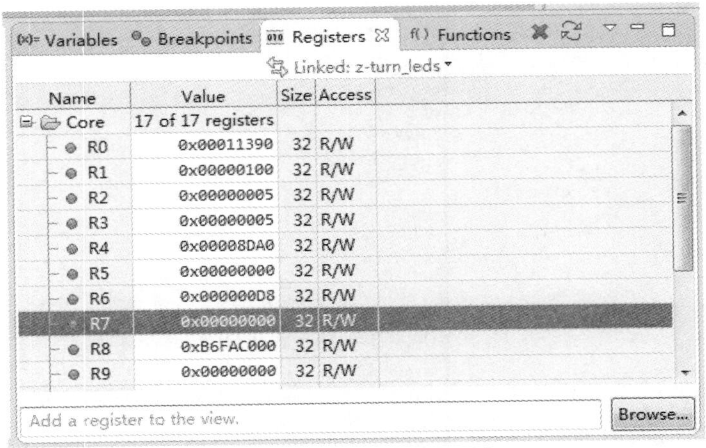

图 10-102　Registers 选项卡

以上就是使用 DS-5 调试 Linux 应用程序的功能，对于一些具体的程序可能稍有不同，比如程序调用了 so 共享库，那么就要在 DS-5 调试配置时指定共享库文件。

而对于老的 ARM 内核架构，DS-5 自带的 gdbserver 可能无法直接运行，这种情况就需要自行编译移植 gdbserver 到这类架构的开发板，然后再进行调试。

10.7 使用 Streamline 性能分析

DS-5 Streamline 是 DS-5 针对 ARM Linux 和 Android 平台的性能分析器，可以对系统和应用程序进行数据采集和分析。Streamline 分析需要在开发板上安装 gator.ko 驱动和 gatord 守护线程程序。采集完成后，数据通过网络传送到计算机上的 DS-5。下面详细介绍 Streamline 的使用过程。

要使用 DS-5 的 Streamline 功能，需要开启内核中的跟踪选项。下面介绍如何编译内核、gator.ko 驱动和 gatord 守护线程，编译完成后配置 Streamline 来进行采集分析。

10.7.1 配置编译环境

配置编译器路径，在 Linux 主机中：

```
$ export ARCH=arm
$ export PATH=$PATH:/home/gary/toolchain/CodeSourcery/Sourcery_CodeBench_Lite_for_Xilinx_GNU_Linux/bin
$ export CROSS_COMPILE=arm-xilinx-linux-gnueabi-
```
其中交叉编译器的路径根据自己的实际情况修改。

10.7.2 编译 Linux 内核

（1）解压内核压缩包并进入解压后的目录：

```
$ tar jxf linux-xlnx.tar.bz2
$ cd linux-xlnx/
```
（2）清除项目，打开 Menuconfig 配置界面：

```
$ make distclean
$ make zynq_zturn_defconfig
$ make menuconfig
```
Menuconfig 打开后，需要对 General Setup、Kernel Features 和 Kernel hacking 这 3 项进行配置，开启与 Streamline 采集关联的功能。如果某项功能默认已经开启，则可以跳过。

（3）配置 General Setup。

● 配置 Profiling support 开启，即符号 PROFILING=1，具体为：

```
General setup   --->
[*]Profiling support
```

- 配置 Kernel performance event and counters 开启（该选项默认已经开启），即符号 PERF_EVENTS=1，具体为：

```
General setup    --->
Kernel Performance Events And Counters   --->
[*] Kernel performance event and counters
```

- 配置 High Resolution Timer Support 开启（该选项默认已经开启），即符号 HIGH_RES_TIMERS=1，具体为：

```
General setup    --->
Timers subsystem   --->
[*] High Resolution Timer Support
```

（4）配置 Kernel Features。

- 配置 Enable hardware performance counter support for perf events 开启（该选项默认已经开启），即符号 HW_PERF_EVENTS=1，具体为：

```
Kernel Features   --->
[*] Enable hardware performance counter support for perf events
```

（5）配置 Kernel hacking。

- 配置 Tracers 开启，即符号 FTRACE=1，具体为：

```
Kernel Hacking   --->
[*] Tracers   --->
```

- 配置 Trace process context switches and events 开启，即符号 ENABLE_DEFAULT_TRACERS=1，具体为：

```
Kernel Hacking   --->
Tracers   --->
[*] Trace process context switches and events
```

- 配置 Compile the kernel with debug info 开启，即符号 DEBUG_INFO=1，具体为：

```
Kernel hacking   --->
Compile-time checks and compiler options   --->
[*] Compile the kernel with debug info
```

（6）配置完成后，按两次 Esc 键并选择 Yes 保存退出，再通过以下命令编译：

```
$ make uImage -j4
```

编译完成后，会在 arch/arm/boot 目录下生成新的 uImage 内核镜像文件。

（7）将新的 uImage 覆盖 SD Card 上的 uImage，插入 Z-Turn Board 的 J5 插槽，JP1 断开，JP2 连接，重新给开发板上电，使系统从 SD Card 启动。

10.7.3　编译 gator.ko 驱动模块

gator.ko 是采样和数据传输的底层实现，所以使用 Steamline 功能则 gator.ko 驱动是必需的，DS-5 中提供了该驱动的源代码，所以需要自行进行编译。

（1）将 DS-5 安装目录…DS-5\arm\gator\driver-src 下的 gator-driver.tar.gz 复制到 Linux 主机并解压：

```
$ tar zxvf gator-driver.tar.gz
```

（2）进入解压后的目录并编译：

```
$ cd gator-driver
$ make -C /home/gary/z-turn/streamline/linux-xlnx/ M=`pwd` modules
```

以上命令中，-C 指定编译过的内核目录 linux-xlnx，M 指定当前的目录 pwd。其中 pwd 两边并不是单引号，而是 tilde 键，说明读取内核源代码后返回到当前目录继续读入、执行当前的 Makefile。

编译完成后，会在当前目录生成名为 gator.ko 的文件，即下面采集用到的 gator 驱动模块。

10.7.4　编译 gatord 守护线程

（1）将 DS-5 安装目录…DS-5\arm\gator\daemon-src 下的 gator-daemon.tar.gz 复制到 Linux 主机并解压：

```
$ tar zxvf gator-daemon.tar.gz
```

（2）进入 gator 源代码解压后的目录并编译：

```
$ cd gator-daemon
$ make
```

编译完成后，会在当前目录生成名为 gatord 的文件，该文件是下面采集用到的守护线程程序。

10.7.5　启动守护线程

（1）使用网线连接 PC 机到 Z-Turn Board，配置 IP 确保两者能够 ping 通。然后在 Z-Turn Board 上创建/mnt/mmcblk0p1/ds5 目录，通过 DS-5 的 RSE 将 gator.ko 驱动和 gatord 守护线程复制到该目录中，如图 10-103 所示。

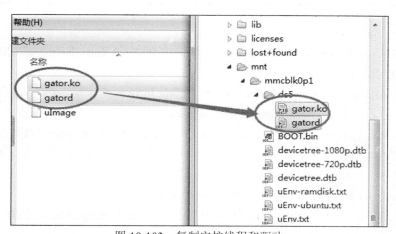

图 10-103　复制守护线程和驱动

（2）在 Z-Turn Board 上插入 gator.ko 驱动，修改 gatord 为可执行权限并执行。

```
# insmod gator.ko
# chmod +x gatord
# ./gatord &
```

其中守护线程 gatord 默认使用 8080 端口，如果要指定端口，可以使用-p 参数，如下：

```
# ./gatord -p 8080 &
```

10.7.6　采集

（1）使用 DS-5 RSE 将 led-test 程序（要带有调试信息）复制到 Z-Turn Board 目录 /mnt/mmcblk0p1/ds5 中，修改为可执行权限并启动。

```
# chmod +x led-test
# ./led-test
```

（2）切换到 Streamline Data 选项卡，如图 10-104 所示。在 DS-5 的 Streamline Data 视图中单击 Capture & analysis options 按钮打开 Streamline 配置。

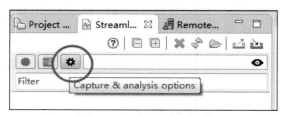

图 10-104　打开采集选项

> **说明**
>
> 如果默认没有该选项卡，则可以通过 DS-5 中的 Window→Show View→Streamline Data 命令打开。

（3）对 Streamline 的采集进行配置：

- 在 Connection 栏的 Addresss 文本框中输入 Z-Turn Board 的 IP 地址，如 192.168.1.66。
- 在 Analysis 栏中选择 Process Extra Debug Information 复选项，设置额外的调试信息，以便在 Streamline 中查看源代码。
- 在 Program Images 栏中单击 Add ELF image from Workspace 按钮，选择 led-test 镜像，除了 led-test 应用镜像，我们也加载其他的镜像进行分析，如动态库、内核（vmlinux）和驱动（.ko）等。

具体如图 10-105 所示，配置完成后单击 Save 按钮保存。

（4）在 DS-5 的 Streamline Data 视图中单击 Counter Configuration 按钮（如图 10-106 所示）打开 Counter Configuration 对话框。

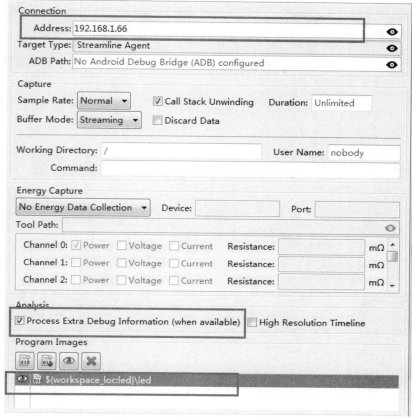

图 10-105　配置 Streamline 采样选项

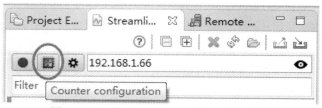

图 10-106　单击 Counter configuration 按钮

（5）在 Counter Configuration 对话框中将备采集项从 Available Events 拖动到 Events to Collect，这里例举几个：

- Cortex-A9/Cache: Data dependent stall：查看处理器何时在等待 L1 Cache。
- L2C-310/L2 Cache: Data Read Hit 和 L2 Cache: Data Read Request：查看 L2 数据读取命中率。在选择该项之前需要先删除 L2 Cache: CastOUT，因为 L2C-310 Cache 控制器仅允许同时采集两个 Counter。

● Linux/Clock: Frequency：查看 kernel 如何改变 CPU 核的最大时钟频率。

具体如图 10-107 所示，完成后单击 Save 按钮保存。

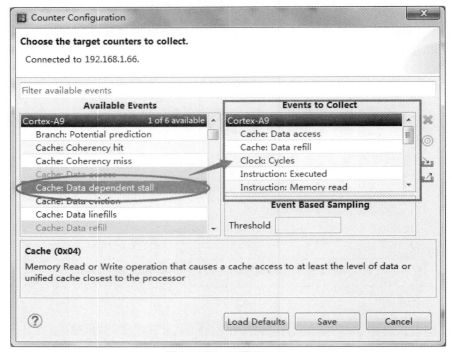

图 10-107　配置 Counter

（6）单击 Start capture 按钮（如图 10-108 所示），在弹出的对话框中确认采集名称和保存路径，然后单击 Save 按钮开始采集。

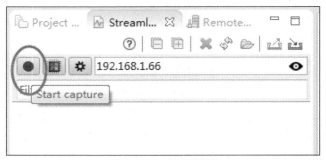

图 10-108　开始采集

（7）过一段时间后再单击 Capture 视图中的按钮停止，如图 10-109 所示，完成采集过程。

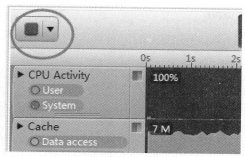

图 10-109　停止采集

10.7.7　分析

Streamline 开始是一个图形化的界面，列出各采集项目在时间线上的变化情况。

（1）最开始的是 Steamline 概览，是一个图形化的分析界面，如图 10-110 所示。

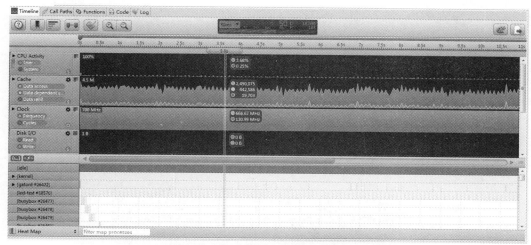

图 10-110　采样完成的 Timeline 栏

正中的是一个时间线，200ms 表示缩放级别，最大的时间表示鼠标当前所在的时间，L 表示采样的总时长，P 表示总进程数量，如图 10-111 所示。

图 10-111　时间线

默认情况下，Streamline 采集的最高分辨率是 1ms，如果使用 High Resolution Timeline，最高分辨率可达 1μs。

因为 Z-Turn 平台是双核 Cortex-A9 内核，所以在 Timeline 图标中可以单独显示每个核的情况，如图 10-112 所示，点击图中的三角形即可展开独立的 CPU 核。

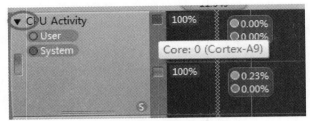

图 10-112　查看多核情况

同样，对于图标的显示方式也可以通过图标的配置按钮进行配置，如图 10-113 所示，可以配置图标的名字、添加新的显示项、配置图标显示样式和单位等。如果不需要显示某一列图标，也可以通过该配置的删除按钮删除。

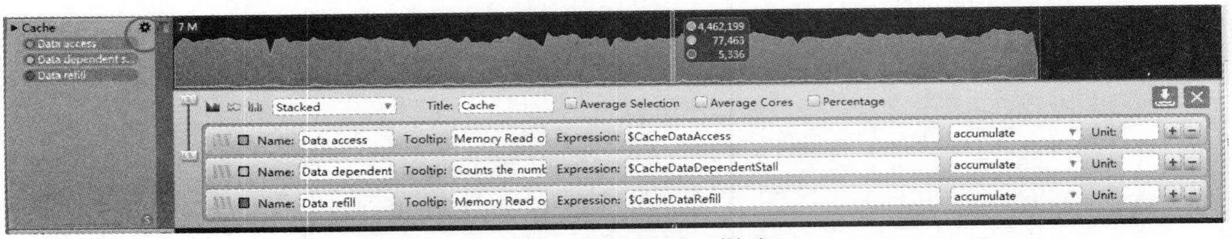

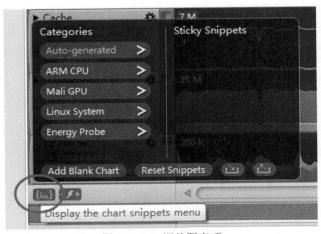

图 10-113　编辑显示样式

如果要显示更多的图表项，通过 Display the chart snippets menu 按钮可以添加和还原图表项，如图 10-114 所示。

图 10-114　调整图表项

（2）Call Paths 显示进程对线程函数的调用情况，如图 10-115 所示。

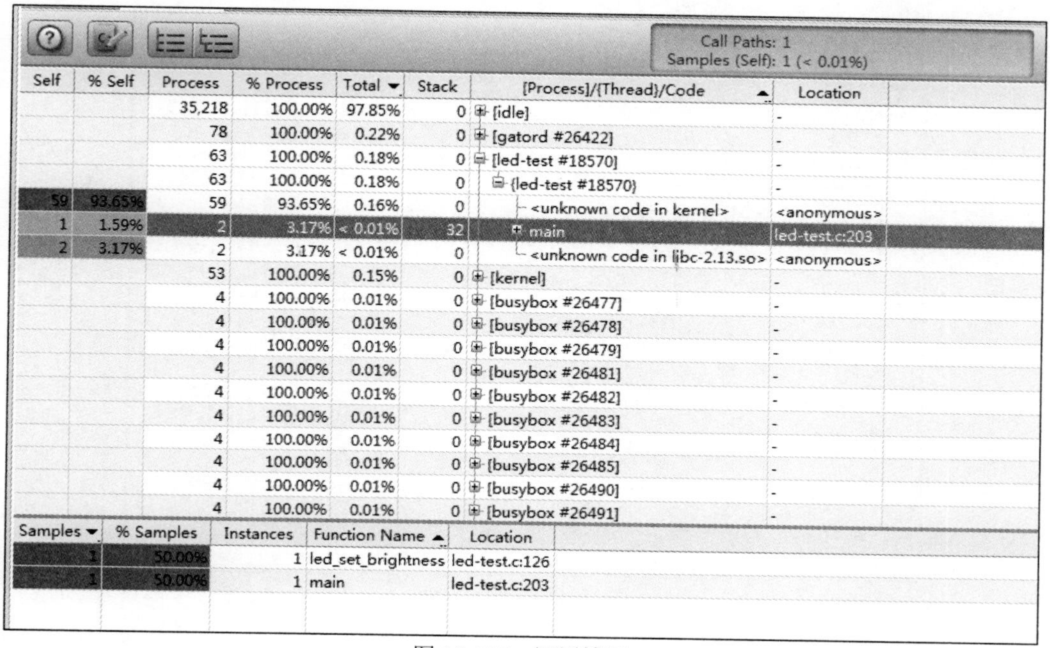

Self	% Self	Process	% Process	Total ▼	Stack	[Process]/{Thread}/Code	Location
		35,218	100.00%	97.85%	0	⊞ [idle]	-
		78	100.00%	0.22%	0	⊞ [gatord #26422]	-
		63	100.00%	0.18%	0	⊞ [led-test #18570]	-
		63	100.00%	0.18%	0	⊟ {led-test #18570}	-
59	93.65%	59	93.65%	0.16%	0	└ <unknown code in kernel>	<anonymous>
1	1.59%	2	3.17%	< 0.01%	32	⊡ main	led-test.c:203
2	3.17%	2	3.17%	< 0.01%	0	└ <unknown code in libc-2.13.so>	<anonymous>
		53	100.00%	0.15%	0	⊞ [kernel]	
		4	100.00%	0.01%	0	⊞ [busybox #26477]	
		4	100.00%	0.01%	0	⊞ [busybox #26478]	
		4	100.00%	0.01%	0	⊞ [busybox #26479]	
		4	100.00%	0.01%	0	⊞ [busybox #26481]	
		4	100.00%	0.01%	0	⊞ [busybox #26482]	
		4	100.00%	0.01%	0	⊞ [busybox #26483]	
		4	100.00%	0.01%	0	⊞ [busybox #26484]	
		4	100.00%	0.01%	0	⊞ [busybox #26485]	
		4	100.00%	0.01%	0	⊞ [busybox #26490]	
		4	100.00%	0.01%	0	⊞ [busybox #26491]	

Samples ▼	% Samples	Instances	Function Name ▲	Location
1	50.00%	1	led_set_brightness	led-test.c:126
1	50.00%	1	main	led-test.c:203

图 10-115　调用情况

- Self：该函数花费的采样时间数，不包含其子程序时间。
- % Self：该函数花费的采样时间百分比（在进程中），不包含其子程序时间。
- Process：该函数及其子程序花费的采样时间数。
- % Process：该函数及其子程序花费的采样时间百分比（在进程中）。
- Total：该函数在所有进程中花费的采样时间百分比。
- Stack：该函数使用的堆栈数量总数。

Call Paths 要正常工作需要打开程序的 frame pointers，该功能允许 Streamline gator 程序重构调用路径。在 gcc 编译器中，打开 frame pointers 的方法是在编译应用程序时在选项中加上-fno-omit-frame-pointer 选项。

（3）Functions 通过列表显示采集分析过程中所有的函数，在这里可以快速查找到使用频率高的函数，并且能够直接定位到源代码，如图 10-116 所示。

右击 led_set_brightness 函数，选择 Edit Source 切换到 Code 分析，如图 10-117 所示。

（4）Code 显示具体的代码，可以更加精确地进行分析优化。

从 Functions 中跳转过来的时候 Code 仅显示汇编程序和 The Source file is missing 提示，如图 10-118 所示。

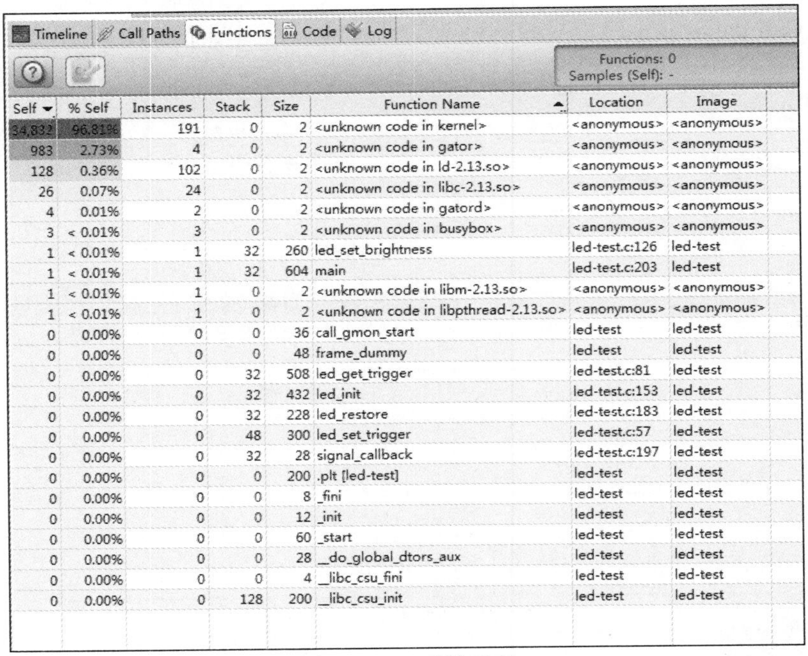

Timeline | Call Paths | Functions | Code | Log

Functions: 0
Samples (Self): -

Self ▼	% Self	Instances	Stack	Size	Function Name	Location	Image
34,832	96.81%	191	0	2	<unknown code in kernel>	<anonymous>	<anonymous>
983	2.73%	4	0	2	<unknown code in gator>	<anonymous>	<anonymous>
128	0.36%	102	0	2	<unknown code in ld-2.13.so>	<anonymous>	<anonymous>
26	0.07%	24	0	2	<unknown code in libc-2.13.so>	<anonymous>	<anonymous>
4	0.01%	2	0	2	<unknown code in gatord>	<anonymous>	<anonymous>
3	< 0.01%	3	0	2	<unknown code in busybox>	<anonymous>	<anonymous>
1	< 0.01%	1	32	260	led_set_brightness	led-test.c:126	led-test
1	< 0.01%	1	32	604	main	led-test.c:203	led-test
1	< 0.01%	1	0	2	<unknown code in libm-2.13.so>	<anonymous>	<anonymous>
1	< 0.01%	1	0	2	<unknown code in libpthread-2.13.so>	<anonymous>	<anonymous>
0	0.00%	0	0	36	call_gmon_start	led-test	led-test
0	0.00%	0	0	48	frame_dummy	led-test	led-test
0	0.00%	0	32	508	led_get_trigger	led-test.c:81	led-test
0	0.00%	0	32	432	led_init	led-test.c:153	led-test
0	0.00%	0	32	228	led_restore	led-test.c:183	led-test
0	0.00%	0	48	300	led_set_trigger	led-test.c:57	led-test
0	0.00%	0	32	28	signal_callback	led-test.c:197	led-test
0	0.00%	0	0	200	.plt [led-test]	led-test	led-test
0	0.00%	0	0	8	_fini	led-test	led-test
0	0.00%	0	0	12	_init	led-test	led-test
0	0.00%	0	0	60	_start	led-test	led-test
0	0.00%	0	0	28	__do_global_dtors_aux	led-test	led-test
0	0.00%	0	0	4	__libc_csu_fini	led-test	led-test
0	0.00%	0	128	200	__libc_csu_init	led-test	led-test

图 10-116　函数列表

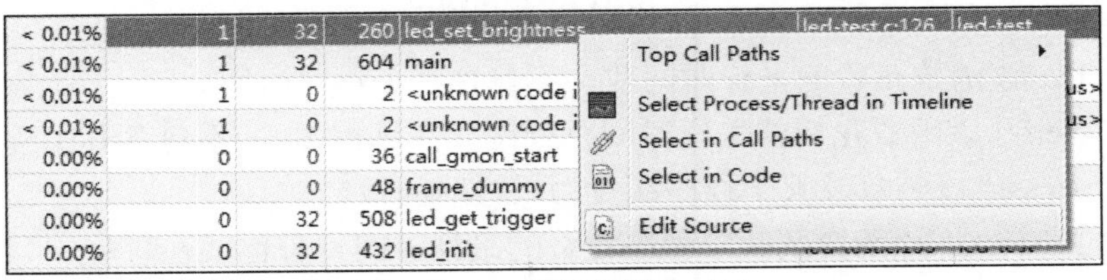

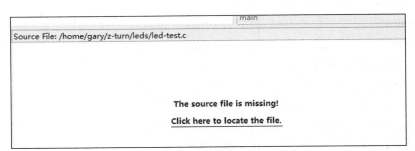

< 0.01%	1	32	260	led_set_brightness	led-test.c:126	led-test
< 0.01%	1	32	604	main		
< 0.01%	1	0	2	<unknown code i		us>
< 0.01%	1	0	2	<unknown code i		us>
0.00%	0	0	36	call_gmon_start		
0.00%	0	0	48	frame_dummy		
0.00%	0	32	508	led_get_trigger		
0.00%	0	32	432	led_init	led-test.c:153	led-test

Top Call Paths ▶
Select Process/Thread in Timeline
Select in Call Paths
Select in Code
Edit Source

图 10-117　在源代码中显示

main

Source File: /home/gary/z-turn/leds/led-test.c

The source file is missing!
Click here to locate the file.

图 10-118　选择源代码路径

因为此时 Streamline 默认会到编译该应用的路径去查找源文件，所以单击 Click here
to locate the file.来改变 Streamline 的查找源文件，如图 10-119 所示。

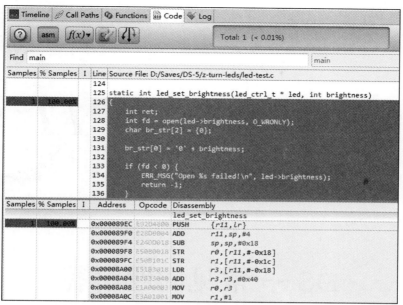

图 10-119　在源代码中分析

采样次数较多的代码会高亮显示，没有任何采样百分比的代码则表明在整个过程中完全没有采样过。这种情况可以通过提高采样率或增加采样时间来解决。

（5）Log 视图与 Annotate 功能一起使用。Annotate 功能与 C 语言中的 printf 函数功能类似，将图形化 Annotate 输出到 Timeline 视图中，并将 Annotate 信息记录在 Log 视图中，如图 10-120 所示。

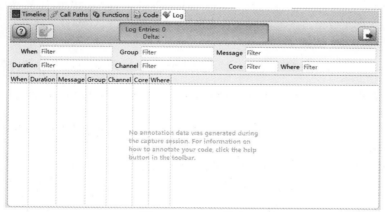

图 10-120　Log 日志

以上即是 DS-5 性能分析器 Streamline 的使用方法，具体可参考 DS-5 的用户手册查询更多功能。

第 11 章

DS-5 常见问题解答

11.1 License 问题

1. DS-5 各版本的特点

- DS-5 旗舰版：全功能版本，支持包括 ARMv8 架构在内的所有功能。
- DS-5 专业版：与旗舰版相比，专业版除了不支持 ARMv8 架构外，其他功能全部包含。
- DS-5 社区版：免费版本，仅支持 ARM 部分内核以及有限的功能。

2. DS-5 许可证错误 License server machine is down or not responding

有两种情况会导致这样的错误：一是客户端网络名称解析失败，二是服务器防火墙阻止了 armlmd 进程端口。

（1）196,7 "WinSock: Host not found (HOST_NOT_FOUND)"。这个是客户端操作系统（一般是 Windows）标记的一个网络故障，说明系统无法将服务器主机名解析成 IP 地址。首先检查客户端指定的服务器名是否正确，也就是 port@server-pc 中的 server-pc 是否就是放置 license 的计算机名称。其次检查网络是否正常，用 ping 命令检查客户端和服务器是否互通。

另外，可以试着在客户端的 DS-5 中将主机名换成 IP 地址，也就是 port@IP 格式。

（2）-96,491。这个提示一般是服务器上 ARM License 管理工具 armlmd 使用的端口被防火墙锁住。检查 armlmd 进程在服务器上使用的端口号，然后配置防火墙开放该端口。当然，最简单的办法就是直接关闭服务器防火墙。

如果对关闭防火墙的方法不放心，可以在 License.dat 文件中指定 armlmd 的端口，即将 VENDOR armlmd 改为 VENDOR armlmd port=5000，其中 5000 就是指定的端口号，然后在防火墙中开放这个端口号即可。

3. DS-5 安装 FloatingLicense 时提示 Not a valid server hostname 错误

详细错误提示如下：

```
15:03:08 (lmgrd) "server-pc": Not a valid server hostname, exiting.
15:03:08 (lmgrd) Valid license server system hosts are: "192.168.10.215"
15:03:08 (lmgrd) Using license file "license.dat"
```

（1）重启 lmgrd。

（2）如果无法解决，则修改 license.dat 文件，将 IP 地址如 192.168.1.215 改为服务器的计算机名称，如 server-pc，再重启 lmgrd。

（3）如果以上两个步骤都无效，则重启安装 License 的服务器。

4. DS-5 提示 Invalid host 错误

详细错误提示如下：

```
Invalid host. The hostid of this system does not match the hostid specified in the license file.
```

当 License 文件中的 Host ID 和系统的 MAC 地址不一致时就会提示以上错误。ARM 开发工具 License 使用 Host ID 来绑定特定的计算机，也就是计算机网卡的 MAC 地址，License 文件中的 HostID 必须是与之匹配的，否则 ARM 开发工具无法正常工作。

有以下几种情况可能会导致 Host ID 不匹配：

（1）使用 PSN 序列号注册 License 过程中输入 Host ID 错误。

（2）系统的 Host ID/MAC 已经改变了（比如更换了网卡）。

（3）试图在其他计算机上使用 License 文件。

（4）另外一个原因可能是由于计算机的网络设置问题，比如 redhat 网口本来是 eth0 命名的，因为未知的原因变成了 p4p1，也会引起这个问题。

要纠正这个错误，需要将 License 移机（rehost）到正确的计算机上。

5. DS-5 许可证如何移机（rehost，更换计算机主机）

如果已经从 ARM 网站获取了一个 License 文件，但因为某种原因，如硬件故障，需要将当前 License 更换到其他计算机上使用（必须是同一公司），有可能的故障原因有：

（1）对于 DS-5 单机许可证（Node Locked License），更换了网卡、网卡损坏、硬盘格式化、硬盘损坏。

（2）对于 DS-5 网络许可证（Floating License），服务器网卡或硬盘坏了。

（3）由单机许可证转换为网络许可证，必须重新获取一个新的 License。

出现以上的情况，则必须申请 rehost，重新生成 License，具体步骤如下：

（1）登录 ARM 官方网站。

（2）访问 License 管理页面：https://silver.arm.com/licensing/。

（3）单击 rehost，如图 11-1 所示。

图 11-1　单击 Rehost

（4）同意 Rehost License Request (Disclaimer)协议，然后搜索当前所有的 License，选择要 rehost 的一个，填写 Reason for Rehost。

（5）单击 Rehost 按钮提交移机申请。一般一两个工作日就会得到 ARM 的审批，旧 License 会被删除，新 License 用原来的 PSN 号重新生成即可。

6. DS-5 Floating License 服务器 LOG 提示错误 Can't make directory /usr/tmp/.flexlm

如果 ARM 浮动版 License 管理工具安装在 Linux 服务器上，lmgrd 需要创建.flexlm 文件保存缓存数据，如果创建失败，lmgrd 也无法启动。

解决的办法是，用 root 权限创建/usr/tmp/.flexlm 文件并赋予权限 777，再重新启动 lmgrd 即可。

7. DS-5 的 30 天试用版在输入 armcc 命令时提示找不到 License 文件的错误

详细错误提示如下：

```
ARM C/C++ Compiler, 5.03 [Build 102]
Error: C9932E: Cannot obtain license for Compiler (feature compiler5) with license version >= 5.0201307
```

一般来说，DS-5 的 License 有一个标准的格式，但是我们当前获取的试用版 License 相对于标准格式（或者说完整功能格式）的 License 有所区别。

默认情况下，armcc 命令或者 DS-5 工具会搜索完整功能格式的 License。在试用版 License 中需要一些额外的配置才能正常工作。

在编译选项或编译脚本中加入下面的选项来强制编译器使用评估 License：

--tool_variant=ds5eval

比如在命令行中输入：

armcc --tool_variant=ds5eval

如果是编译脚本，可以在脚本中修改，如下：

CFLAGS=--tool_variant=ds5eval

如果是使用 DS-5 集成开发环境创建和编译工程，则需要按如下步骤操作添加 --tool_variant=ds5eval 选项：在 Project Explorer（工程管理器）中右击工程并选择 Properties（属性）命令，分别打开 C/C++ Build→Settings 中的 ARM C Compiler、ARM Assembler、ARM Linker 三个选项下的 Miscellaneous，在 Other flags 中填入--tool_variant= ds5eval，如图 11-2 所示。

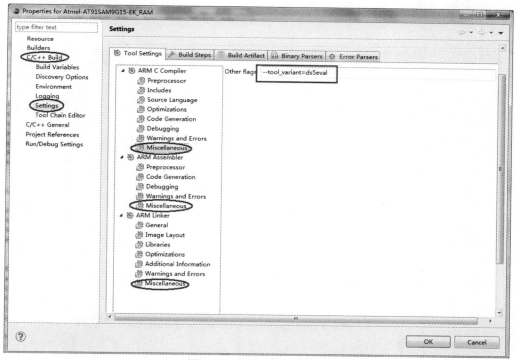

图 11-2　配置 ds5eval 选项

8. 如何获得 DS-5 试用版 License

注意

　　每个 MAC 物理地址、每个 ARM 账号只能申请一个 DS-5 试用版许可证。

（1）访问 ARM 官方网站，地址为www.arm.com。如图 11-3所示为 ARM 官网首页。

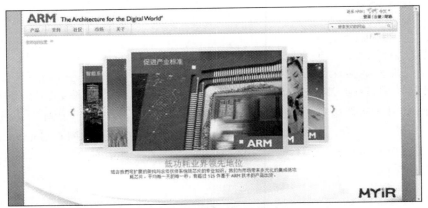

图 11-3　ARM 官网首页

（2）使用 ARM 账号登录网站。如果没有账号，注册一个并登录。

（3）选择"支持"中的 Software Licenses 链接，如图 11-4 所示。

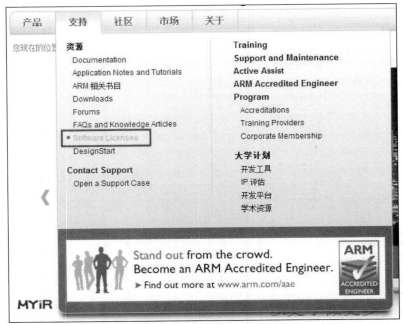

图 11-4　选择 Software Licenses 链接

（4）进入 Software Licenses 页面后单击 Licensing 下的 Eval Products，如图 11-5 所示。

图 11-5　评估版链接

（5）展开 Evaluation Products，单击 Development Studio 5 (DS-5)，如图 11-6 所示。

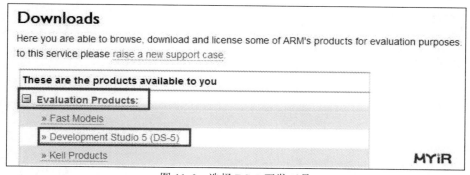

图 11-6　选择 DS-5 开发工具

（6）填写个人资料。

- Telephone：输入手机号码。
- Host Id 的 ETHERNET：输入计算机的 MAC 地址。
- Host Flatform：选择计算机的操作系统，如 Windows 64bit 就选择 64-bit。

然后单击 Download Evaluation & Get License 按钮，如图 11-7 所示。

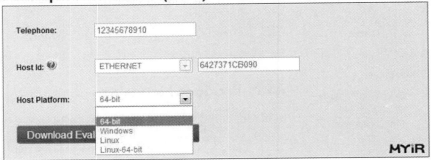

图 11-7　输入个人信息

（7）稍等几秒钟就会弹出 DS-5 的下载对话框，单击"取消"按钮不下载 DS-5 安装包。

（8）单击 To Save your license 后面的 click here 下载许可证文件，该文件名为 license.dat，如图 11-8 所示。如果出现无法下载现象，将下面文本框中的所有内容复制到文本文档，然后将文本文档另存为 license.dat 文件，效果是一样的。

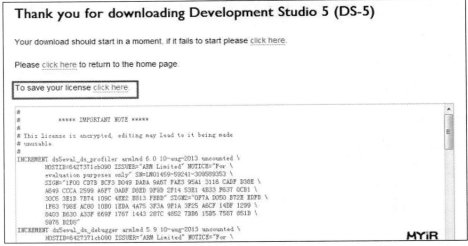

图 11-8　单击下载 license.dat 文件

至此，已经完成在线获得 DS-5 试用许可证，该 license.dat 文件可在对应 MAC 地址的计算机上使用。

9. 试用版 License 可以用多久

DS-5 提供 30 天的试用时间，过期后请购买正式许可证以继续使用。

10. DS-5 许可证服务器提示错误：(lmgrd) MULTIPLE "armlmd" license server systems running

启动 DS-5 服务器 license 时出现如下提示：

(armlmd) EXITING DUE TO SIGNAL 32

(lmgrd)armlmdexitedwithstatus32 (Exitedbecause another server was running)

(lmgrd) MULTIPLE "armlmd" license server systems running.

在同一台机器上，如果 license 由不同供应商（vendor）提供，则可以启动多个 FLEXnet license 服务器。但是在同一台机器上只能启动一个 armlmd 进程（ARM Vendor deamon）。如果 armlmd 已经运行，重复开启就会出现这样的错误，一般由以下两个原因引起：

（1）在同一台机器上运行两个 license server 进程分别管理两个 license 文件，这是不允许的。需要将两个 license 合并为一个 license 文件，然后重新开启。

（2）如果 lmgrd 没有完全退出，那么 armlmd 也没有停止。可以检查 armlmd 的状态并终止它们。在 Linux 系统中，可以使用 ps -ax | grep armlmd 命令。在 Windows 系统中，可以使用任务管理器查看。

11. ARM DS-5 网络许可证 log 提示 DENIED: "compiler"...does not support this version of this feature

使用 DS-5/RVDS 的网络许可证进行编译时服务器 log 文件提示如下：

6:35:09 (armlmd) DENIED: "compiler" gary@server-pc (License server does not support this version of this feature (-25,334))

6:35:09 (armlmd) OUT: "compiler" gary@server-pc

6:35:09 (armlmd) IN: "compiler" gary@server-pc

这个其实并不是错误，只是服务器管理工具在搜索 license 文件时返回的一个信息，可以看到下一行有客户端 OUT 和 IN 操作。

如果不想在 log 文件中出现这些信息，可以进行如下操作：

（1）在服务器上编辑 license 文件，将以下头部格式：

SERVER myserver 87654321 8224

VENDOR armlmd

USE_SERVER

修改为：

SERVER myserver 87654321 8224

VENDOR armlmd options=c:\\flexlmopt.txt

USE_SERVER

（2）新建一个 c:\\flexlmopt.txt 文件，在里面放入以下内容：

NOLOG DENIED

这样即可阻止 DENIED 信息。

12. DS-5 Floating License 编译错误 Error: C9933W: Waiting for license

这是因为我们在使用 ARM 编译器编译时使用了并行（多线程）编译，一般情况下，并行编译需要多个席位的许可证文件。

如果许可证只有一个席位，而用并行编译方式来编译，就会出现以下两种错误提示：

```
Error: C9933W: Waiting for license...
Warning: C9933W: Waiting for license...
```

默认情况下，C9933W 只是警告级别，不会达到错误级别而影响编译过程。而如果出现 C9933 的错误，则可以通过以下两个办法来解决：

（1）修改 diag_error。在编译脚本中添加或修改--diag_error 的值为 warning，将用到 License 地方的错误级别调整为警告级别，即将：

```
--diag_error=error
```

改为：

```
--diag_error=warning
```

这个语句一般在 CFLAGS 后面。

（2）添加编译选项。在编译脚本中添加如下选项可以解决编译器、汇编器、连接器和 fromelf 错误提示：

```
ARMCC5_ASMOPT=--licretry --diag_suppress=9931,9933
ARMCC5_CCOPT=--licretry --diag_suppress=9931,9933
ARMCC5_FROMELFOPT=--licretry --diag_suppress=9931,9933
ARMCC5_LINKOPT=--licretry --diag_suppress=9931,9933
```

13. DS-5 编译提示 Error: C9931W: Your license for Compiler (feature compiler5) will expire in 22 days 错误

一般来说，这类问题仅仅是一个警告，提示代码 C9931W 中的 W 即表示警告之意。由于主机操作系统对批处理文件的处理级别不同，就有可能导致编译器意外输出，停止处理批处理文件。

要解决这个问题，在编译选项中添加忽略该错误的语句，可用--diag_suppress=9931 或--diag_error=9931 添加到 CFLAGS 中，如下：

```
cmds="CFLAGS=--diag_error=warning --diag_suppress=9931 $cmds"
```

或者

```
cmds="CFLAGS=--diag_error=warning,9931 $cmds"
```

14. DS-5 Floating License 服务器执行 lmgrd 出现错误 lmgrd: no such file or directory

在 ubuntu 中安装 ARM DS-5 网络许可证时出现错误：

```
lmgrd: no such file or directory
```

或

```
nohup: 无法运行命令 lmgd: 没有那个文件或目录
```

ubuntu 默认是不支持 lmgrd 命令的，但是可以兼容所有支持 Linux Standard Base（LSB）的操作系统。ubuntu 9.10 以后包括 32-bit 和 64-bit，用户都需要自己安装 LSB 支持包。

所以要解决这个错误，应在 Linux 系统中输入以下命令安装 LSB：

```
apt-get install lsb
```

> **注意**
>
> 运行 cat /etc/lsb-release 命令并不意味着 LSB 安装包已经完整安装。

15. DS-5 单机版编译时 License 提示错误 FLEXlm -103,577 或 FLEXlm -103,122

DS-5 单机许可证（Node-Locked License）安装完成后，通过远程控制使用 DS-5 进行编译、调试、编辑时提示错误：

```
Error: C9932E: Cannot obtain license for Compiler (feature compiler5) with license version >= 5.0201203
Cannot checkout an uncounted license withini a Windows Terminal Services guest session.
FLEXnet Licensing error:-103,577
...
```

这是因为 DS-5 单机版 Lcense 不支持远程使用，Windows 远程桌面和远程终端服务（如 SSH）都属于远程使用，对于单机版 License，只能通过本地键盘、鼠标进行开发。如果需要远程方式使用，可以购买网络许可证实现。

16. 如何从 license 文件查看对应的 Host ID（MAC 地址）

打开 license.dat 文件，如图 11-9 所示，即可看到绑定的 Host ID 地址。

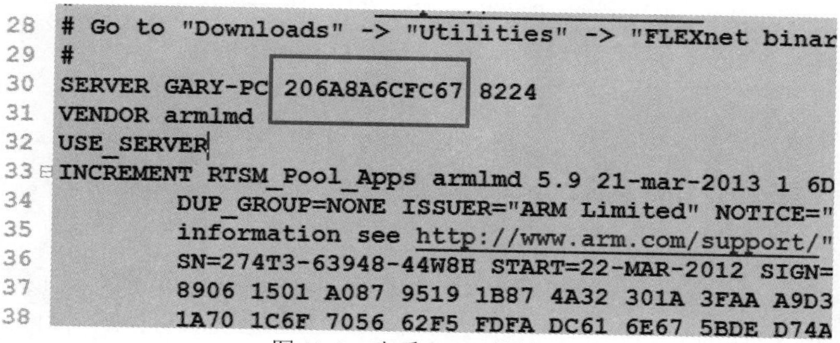

图 11-9　查看 MAC 地址

也可以登录 ARM 网站，然后访问https://silver.arm.com/licensing/view.tm，单击 Search 按钮搜索 License，展开对应 PSN 前面的+号也可以看到 Host ID，如图 11-10 所示。

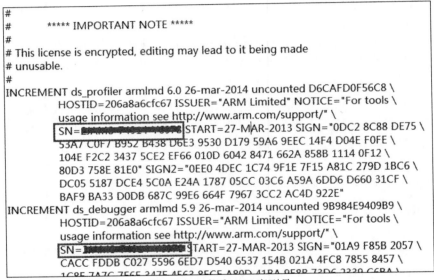

图 11-10　通过 ARM 网站查看 MAC 地址

17. 如何从 license 文件查看对应的 PSN 序列号

用文本编辑器打开 license.dat 文件，其中 SN=的后面就是 PSN 号，如图 11-11 所示。

```
#
#        ***** IMPORTANT NOTE *****
#
# This license is encrypted, editing may lead to it being made
# unusable.
#
INCREMENT ds_profiler armlmd 6.0 26-mar-2014 uncounted D6CAFD0F56C8 \
        HOSTID=206a8a6cfc67 ISSUER="ARM Limited" NOTICE="For tools \
        usage information see http://www.arm.com/support/" \
        SN=▮▮▮▮▮▮▮▮▮▮▮▮▮ START=27-MAR-2013 SIGN="0DC2 8C88 DE75 \
        53A7 C0F7 B952 B438 D6E3 9530 D179 59A6 9EEC 14F4 D04E F0FE \
        104E F2C2 3437 5CE2 EF66 010D 6042 8471 662A 858B 1114 0F12 \
        80D3 758E 81E0" SIGN2="0EE0 4DEC 1C74 9F1E 7F15 A81C 279D 1BC6 \
        DC05 5187 DCE4 5C0A E24A 1787 05CC 03C6 A59A 6DD6 D660 31CF \
        BAF9 BA33 D0DB 687C 99E6 664F 7967 3CC2 AC4D 922E"
INCREMENT ds_debugger armlmd 5.9 26-mar-2014 uncounted 9B984E9409B9 \
        HOSTID=206a8a6cfc67 ISSUER="ARM Limited" NOTICE="For tools \
        usage information see http://www.arm.com/support/" \
        SN=▮▮▮▮▮▮▮▮▮▮▮▮▮ START=27-MAR-2013 SIGN="01A9 F85B 2057 \
        CACC FDDB C027 5596 6ED7 D540 6537 154B 021A 4FC8 7855 8457 \
```

图 11-11　查看 PSN 序列号

18. DS-5 旗舰版编译错误 Product.CPU.Cortex-A53 was denied

详细错误提示如下：

checkout for feature Product.CPU.Cortex-A53 was denied by product definition /opt/build-8994-tools/DS-5/
sw/ARMCompiler6.00/sw/mappings/armcompiler.elmap;/opt/build-8994-tools/DS-5/sw/mappings/ds5eval.elmap

意思是，ARM compiler 6 编译器查找 ARMv8 架构的授权 license 时（目前 ARMv8
架构有 Cortex-A53、Cortex-A57 或 Cortex-A72 内核）没有找到，可能的原因有：

（1）安装了 DS-5，但是没有获得旗舰版 license。

（2）安装了 DS-5，也获得了旗舰版 license，但是工程中没有指定 license 文件路径。

（3）旗舰版 License 版本的问题。

对于第一个和第二个原因检查 License 安装即可，对于第三个原因，则要在编译命令中加入--tool_variant=ult 参数指定使用旗舰版功能，或者在编译脚本中添加如下脚本：

```
ARMCOMPILER6_ASMOPT=--tool_variant=ult
ARMCOMPILER6_CLANGOPT=--tool_variant=ult
ARMCOMPILER6_FROMELFOPT=--tool_variant=ult
ARMCOMPILER6_LINKOPT=--tool_variant=ult
```

11.2 使用问题

1. RVDS 工程迁移到 DS-5 过程

RVDS 和 DS-5 两个开发工具之间主要的区别在于编译器版本不一样，RVDS 是老的 ARM Compiler 4/RVCT4 编译器，DS-5 是新的 ARM Compiler 5 编译器。官方声明：DS-5 向前兼容老版本编译器，但是新的编译器多少在语法上会有一些新的要求，而且每个版本都不一样，所以对于 RVDS 工程升级到 DS-5 并没有一个标准的流程。

但可以按照以下步骤手动对工程进行迁移：

（1）在 DS-5 中新建一个工程（Project）。

（2）将 RVDS 中的源代码，包括 Makefile 文件，一起复制到 DS-5 的工程中。

（3）如果没有 Makefile 文件，而是通过 Eclipse 环境配置，则在 DS-5 中同样进行配置（右击工程并选择 Properties 命令）。

（4）编译。

（5）针对错误定位问题，如果新版本编译器语法上有新要求，则修改源代码后再编译。

2. DOS 下输入 armcc 命令行提示找不到

默认情况下，DS-5 完成安装后，自带的 armcc.exe 编译器命令并不在系统的环境中，所以直接输入 armcc 命令是找不到的。这种情况有以下两个解决办法：

（1）直接用 DS-5 的命令行，如图 11-12 所示。

（2）手动添加 armcc 路径到系统 Path 变量中。右击桌面上的"计算机"图标并选择"属性"命令，在"高级系统设置"选项卡中单击"高级"按钮，再单击"环境变量"按钮，双击 Path，如图 11-13 所示，在"变量值"文本框中的变量值最后加上 armcc 的路径。

重启计算机，即可在任何 DOS 界面中使用 armcc 命令。

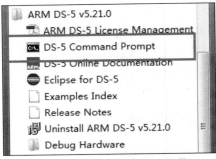

图 11-12　DS-5 命令提示工具

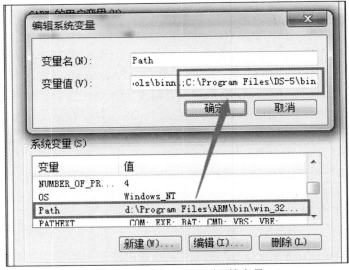

图 11-13　添加 armcc 到环境变量

3．DS-5 如何更换编译器版本或添加第三方编译器

DS-5 默认自带有三款编译器：ARM Compiler 5、ARM Compiler 6 和 GCC，如果要在 DS-5 中使用这之外的编译器，或者更换添加其他版本的 ARM Compiler，那么可以通过以下步骤实现，该方法使用于 DS-5 5.20 及以上版本，这里以添加 Linaro GCC 4.9 编译器为例：

（1）下载已经预编译的 Linaro GCC 4.9 编译器镜像，解压到本地目录。如果要添加其他版本的 ARM Compiler，请到以下地址下载：http://ds.arm.com/downloads/compilers/。

（2）选择 DS-5 中的 Window→Preferences 命令，在弹出的对话框中选择 DS-5→Toolchains 选项，如图 11-14 所示。

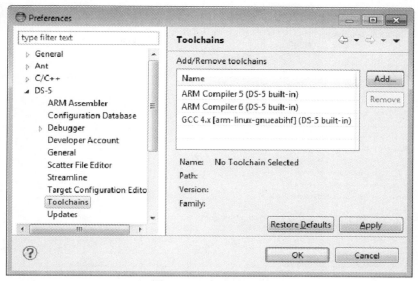

图 11-14　工具链列表

其中显示了 DS-5 内置的 3 个编译器。

（3）单击 Add 按钮，选择新增编译器的 bin 目录，如图 11-15 所示。

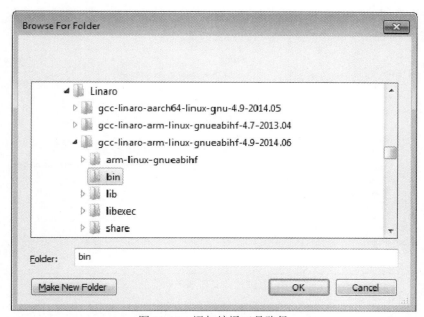

图 11-15　添加编译工具路径

（4）单击 OK 按钮自动识别，如图 11-16 所示。

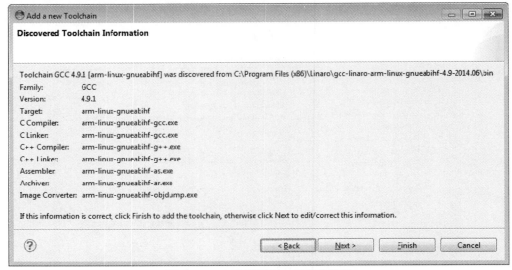

图 11-16　自动识别到二进制编译器

（5）单击 Finish 按钮，即可看到新增的编译器，如图 11-17 所示。

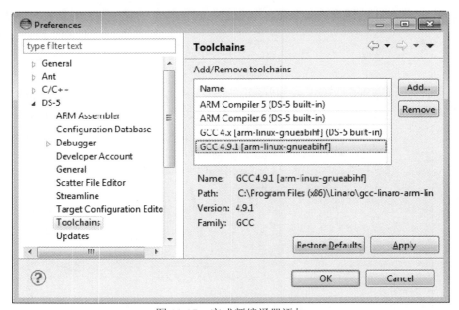

图 11-17　完成新编译器添加

（6）如果新建一个工程，在工程中即可选择新的编译器，如图 11-18 所示。

（7）当然，如果工程创建后还要更改编译器，则点选工程后右击并选择 Properties
命令，在 C/C++ Build→Tool Chain Editor 中切换对应的编译器，如图 11-19 所示。

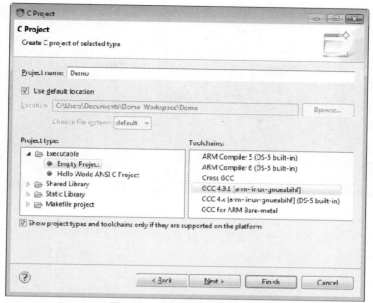

图 11-18　工程选择新编译器

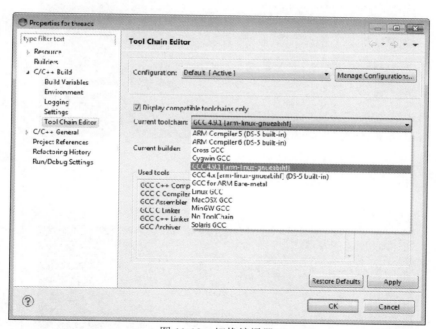

图 11-19　切换编译器

（8）也可以通过 DS-5 的命令行添加新编译器，在系统开始菜单中选择 ARM DS-5
→DS-5 Command Prompt，如图 11-20 所示。

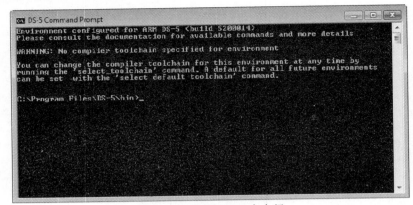

图 11-20　打开 DS-5 命令行

（9）添加如下编译器命令，如图 11-21 所示：

add_toolchain "C:\Program Files (x86)\Linaro\gcc-linaro-aarch64-linux-gnu-4.9-2014.05\bin

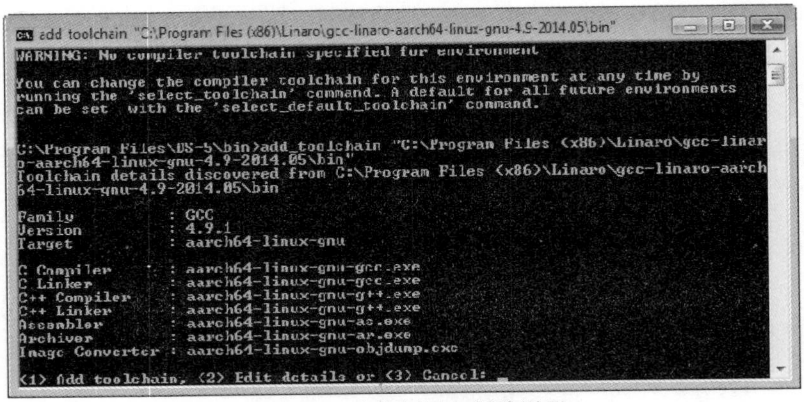

图 11-21　命令行添加新编译器

（10）使用 select_toolchain 命令选择默认编译器，如图 11-22 所示。

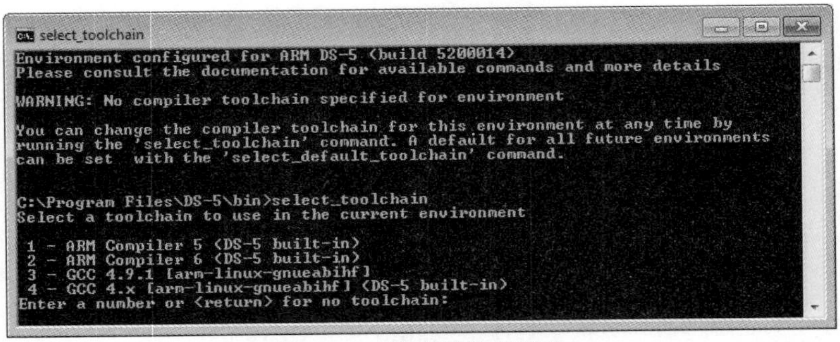

图 11-22　配置默认编译器

这样就完成了一个新编译器的添加。

4. DS-5 通过 gdbserver 调试多线程应用程序有哪些条件

（1）gdbserver 版本必须高于 6.8（不包含 6.8）。

（2）Android 应用程序中 NDK 库必须为 2.2、2.3、3.x.x、4.0。

（3）调试 ARM Linux Kernel 内核时其版本必须为 2.6.28 或以上。

（4）使用 ARM Steamline 时 Linux 内核必须高于 3.x 版本。

（5）SMP 系统上的 app 调试，kernel 内核版本必须为 2.6.36 及以上版本。

5. RVI 和 RVT2 仿真器可以在 DS-5 上使用吗

RVI，也就是 Realview ICE 仿真器，与 DS-5 兼容，可以在 DS-5 上使用。

RVT2，也就是 Realview Trace 2 跟踪单元，与 DS-5 不兼容，不能在 DS-5 上使用，如果要在 DS-5 上使用跟踪功能，可以选择 DSTREAM 高性能仿真器。